Das Fachbuch

zum

Casio fx-810DE CW
Casio fx-82DE CW
Casio fx-85DE CW

Jörg Christmann

Vorwort / Hinweise zur Arbeit mit diesem Buch

CASIO ist eingetragenes Warenzeichen.

Dieses Buch soll einen Schnelleinstieg in die Arbeit mit den Taschenrechnern CASIO fx-810DE CW , CASIO fx-82DE CW und CASIO fx-85DE CW ermöglichen. Es ersetzt nicht die Bedienungsanleitung von CASIO, die auf der CASIO-Homepage heruntergeladen werden kann.

Das Buch wurde nach bestem Wissen zusammengestellt. Deshalb können der Autor und der Herausgeber des Buches keinerlei Haftung für Druckfehler oder eventuell fehlerhaft wiedergegebene Inhalte übernehmen.

Abschnitte bzw. Funktionen, die nur für einzelne Taschenrechner Modelle gültig sind, werden mit folgenden Bildern gekennzeichnet:

NUR CASIO fx-810DE CW **NUR CASIO fx-82/85DE CW**

Alle anderen Kapitel beziehen sich auf Inhalte, die für alle Rechnermodelle gültig sind.

Inhaltsverzeichnis

1 EINFÜHRUNG 7

1.1 DAS BESONDERE AN DIESEN RECHNERN 7
1.2 DIE RECHNER CASIO FX-82/85DE CW UND CASIO FX-810DE CW 7
1.2.1 UNTERSCHIEDE DER BEIDEN RECHNER 8
1.2.2 NEUE TASTENFORM 9
1.2.3 DOPPELBELEGUNG VON TASTEN 9
1.3 DAS HAUPTMENÜ HOME 10
1.3.1 ÜBERSICHT ÜBER DIE HOME - MENÜFUNKTIONEN 11
1.3.2 NAVIGATIONSTASTEN / EINGABEN LÖSCHEN 12
1.4 WICHTIGE FUNKTIONSTASTEN 13
1.4.1 CATALOG 13
1.4.2 TOOLS 16
1.4.3 FUNCTION 17
1.4.4 VARIABLE 18
1.4.5 FORMAT 19
1.5 SETTINGS – EINSTELLUNGEN AM RECHNER 20
1.5.1 RECHENEINSTELLUNGEN 21
1.5.2 SYSTEMEINSTELLUNGEN 24
1.5.3 ZURÜCKSETZEN 25
1.5.4 BEGINNEN 25
1.6 DER ANTWORTSPEICHER ANS 26

2 MATHEMATISCHE BERECHNUNGEN DURCHFÜHREN 28

2.1 DIE GRUNDRECHENARTEN 28
2.2 BRUCHRECHNUNG 29
2.3 PROZENTRECHNUNG 30
2.4 WURZELN 32
2.5 POTENZEN 33
2.6 E-FUNKTION UND LOGARITHMUS 33
2.7 TRIGONOMETRISCHE FUNKTIONEN SIN, COS, TAN 34
2.8 WEITERE VERSTECKTE FUNKTIONEN (CATALOG) 35
2.8.1 FAKULTÄT 35

2.8.2 KOMBINATIONEN / PERMUTATIONEN 36
2.8.3 EINZELNE ZUFALLSZAHLEN ABRUFEN 37
2.8.4 SUMMENBILDUNG / PRODUKTBILDUNG 38
2.8.5 PERIODISCHE DARSTELLUNG 38
2.8.6 GANZZAHLIGER ANTEIL / DIVISION MIT REST 39
2.8.7 GRAD, MINUTEN UND SEKUNDEN (KOORDINATEN) 39
2.8.8 INGENIEUR-SYMBOLE / DEZIMALPRÄFIXE ZUM RECHNEN 40
2.8.9 PRIMFAKTORZERLEGUNG 40
2.8.10 RUNDUNGSFUNKTIONEN 41

3 QR-CODE FUNKTION 43

4 WERTETABELLEN 44

5 STATISTIK - WAHRSCHEINLICHKEITSRECHNUNG 48

5.1 STICHPROBEN / MITTELWERT / STANDARDABWEICHUNG 48
5.2 RELATIVE HÄUFIGKEITEN / WAHRSCHEINLICHKEITSVERTEILUNG 49
5.2.1 EINSTELLUNGEN ÜBER TOOLS 49
5.2.2 EINE AUFGABE MIT ZUFALLSGRÖßEN 49

6 VERTEILUNGSFUNKTIONEN – VERTEILUNG 50

6.1 BINOMIALVERTEILUNG 50
6.2 VERTEILUNGEN GRAFISCH DARSTELLEN 52

7 MATHEBOX 53

7.1 WÜRFELWURF 53
7.2 MÜNZWURF 56
7.3 ZAHLENGERADE 58
7.3.1 BEREICHE AUF EINER ZAHLENGERADEN DEFINIEREN 58
7.3.2 ZAHLENGERADE SKALIEREN 59
7.3.3 MEHRERE ZAHLENGERADEN DEFINIEREN 59
7.4 KREIS 60
7.4.1 EINHEITSKREIS – SINUS, KOSINUS, TANGENS 60

7.4.2 Halbkreis – Sinus, Kosinus, Tangens 61
7.4.3 Uhr – Winkel zwischen den Zeigern 61

8 WISSENSCHAFTLICHE KONSTANTEN 62

9 MATHEMATISCHE PROBLEME BEISPIELHAFT LÖSEN 63

9.1 Zahlen aufsummieren – der kleine Gauß 63
9.2 Die Eulersche Zahl *e* näherungsweise berechnen 65
9.3 Gleichungen näherungsweise lösen mit der Wertetabelle 68
9.4 Zwei Gleichungen mit zwei Unbekannten alternativ lösen 70
9.5 Quadratische Gleichungen lösen mit der p-q-Formel 72
9.6 Nullstellen finden mit dem Newton Verfahren 73
9.7 Wurzeln bestimmen mit dem Heron Verfahren 76
9.8 Ableitungen berechnen mit dem Differenzenquotienten 78
9.9 Integrale nähern über Rechtecksummen 80
9.9.1 Näherung für die Parabel x^2 80
9.9.2 Näherung für eine beliebige Funktion 82

10 AUFGABEN ZUR ÜBUNG UND KONTROLLE 83

10.1 SETTINGS – Einstellungen / Allgemeine Bedienung 83
10.2 Grundlegende Rechenaufgaben 84
10.3 Funktionen aus CATALOG 85
10.4 Lösungen zu diesem Kapitel 86

11 WICHTIGE BEFEHLE | SHORTCUTS 90

12 INDEX / STICHWORTVERZEICHNIS 92

Notizen

1 Einführung

1.1 Das Besondere an diesen Rechnern

CASIO präsentiert mit diesen Rechnern Modelle mit einer neuen Bedienerführung und Tastenform. Die Rechner CASIO fx-82/85DE CW lösen die bisherigen Modelle CASIO fx-82/85DE X ab. Das Modell CASIO fx-810DE CW ist neu auf dem Markt und entspricht den IQB-Normen für einheitliche Prüfungsaufgaben im Abitur ab dem Jahr 2030. Siehe https://www.iqb.hu-berlin.de/abitur/dokumente/mathematik .

1.2 Die Rechner CASIO fx-82/85DE CW und CASIO fx-810DE CW

<u>**Die drei wichtigsten Funktionen**</u>

Einschalten: **ON**

Ausschalten: **SHIFT + AC = OFF**

Hauptmenü: **HOME**

1.2.1 Unterschiede der beiden Rechner

CASIO fx-82/85DE CW **CASIO fx-810DE CW**

Das Modell CASIO fx-82DE CW verfügt nicht über ein Solar-Feld.

Hauptmenü CASIO fx-82/85DE CW sowie CASIO fx-810DE CW

CASIO fx-82/85DE CW

CASIO fx-810DE CW

Hier fehlt die Mathebox!

1.2.2 Neue Tastenform

NEU: Runde Tasten	**Bisher:** Rechteckige Tasten

CASIO FX-82/85/810DE CW

CASIO FX-85DE X

Die Modelle CASIO fx-82/85DE CW und CASIO fx-810DE CW verwenden wie alle neuen Modelle der Reihe **DE CW** runde Tasten.

1.2.3 Doppelbelegung von Tasten

Bei diesen Rechnern – wie bei allen neuen Rechnern von Casio der Reihe „**DE CW**" - gibt es nur noch eine **Zweifachbelegung** der Tasten. Die zweite Funktion erreicht man jeweils über die blaue **Shift-Taste** und den Text links oben neben der jeweiligen Taste.

e = Zweitbelegung:

SHIFT (⬆) + 8

Weitere Funktionen verbergen sich hinter den beiden Tasten **CATALOG** und **TOOLS**.

Diese Funktionen besprechen wir in späteren Kapiteln!

1.3 Das Hauptmenü HOME

Im Hauptmenü stehen bei jedem Rechner vier Funktionen zur Verfügung, grafisch mit Icons dargestellt:

CASIO fx-82/85DE CW:

- **Berechnung**
- **Statistik**
- **Wertetabelle**
- **Mathebox**

CASIO fx-810DE CW:

- **Berechnung**
- **Verteilung**
- **Wertetabelle**

1.3.1 Übersicht über die HOME - Menüfunktionen

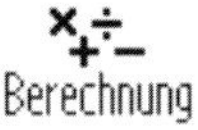

Berechnung

Mit diesem Menüpunkt gelangt man in ein Fenster, in dem die von einem Taschenrechner bekannten „normalen“ mathematischen Berechnungen durchgeführt werden.

Statistik

Statistische Berechnungen, Mittelwerte,

Verteilung

Hier finden wir die Verteilungsfunktionen für die Wahrscheinlichkeitsrechnung: **Normalverteilung und Binomialverteilung.**

Wertetabelle

Mit dieser Funktion kann man für **bis zu zwei Funktionen $f(x)$ und $g(x)$** eine Wertetabelle aus x-Werten und Funktionswerten erstellen lassen.

Mathebox

Die Mathebox ist eine Funktion für die Simulation von bestimmten mathematischen Themen.

- Würfel- und Münzwürfe. Man kann bis zu 250 Würfe mit bis zu 3 Würfeln oder 3 Münzen simulieren.

Weiterhin finden wir zwei weitere Funktionen:

- Zahlengerade
- Kreis

1.3.2 Navigationstasten / Eingaben löschen

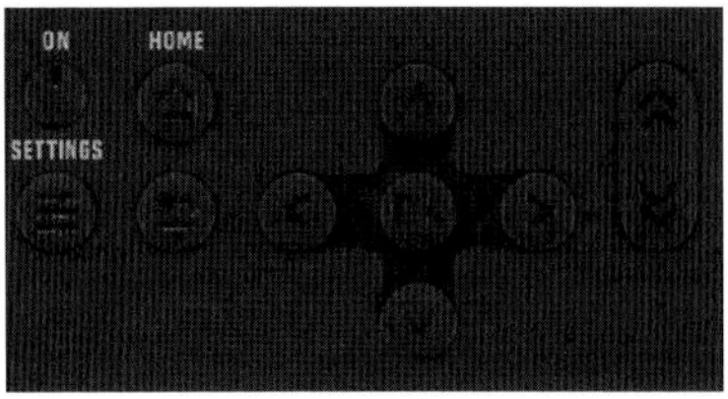

Zu den Navigationstasten zählen die schwarzen Tasten im oberen Bereich der Tastatur.

Die Tasten **ON** und **HOME** haben wir bereits erwähnt. Auf die Einstellungen (**SETTINGS**) gehen wir im nächsten Abschnitt ein.

Eingabe rückgängig

Mit dieser Taste kann die letzte Eingabe rückgängig gemacht werden.

Pfeiltasten

Mit den **Pfeiltasten**

wandert man mit dem Cursor durch das Hauptmenü oder die jeweilige Anzeige und kann so die Cursorposition verändern. Mit **OK** oder **EXE** bestätigen wir unsere Auswahl.

Doppelpfeil Taste

Mit der Doppelpfeiltaste kann man in mehrzeiligen Auswahlmenüs in größeren Schritten springen.

Zeichen löschen

Mit dieser Taste ⌫ wird **nur ein Zeichen** links von der aktuellen Cursorposition gelöscht.

Anzeige löschen

Mit der Taste **AC** (AC) wird die komplette Anzeige (das gesamte Display) gelöscht.

Eingabe ausführen

Eingaben und Berechnungen werden mit der Taste **EXE** (EXE) abgeschlossen.

1.4 Wichtige Funktionstasten

1.4.1 CATALOG

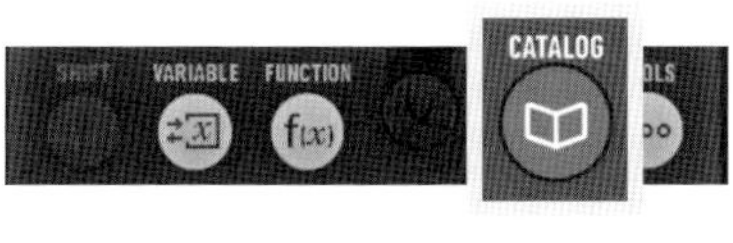

Hinter der **CATALOG** (📖) Taste verbergen sich eine Vielzahl von weiteren Funktionen die nicht auf der Tastatur hinterlegt sind. Einige dieser Funktionen behandeln wir in Kapitel **2 Mathematische Berechnungen**.

Auswahlmöglichkeiten mit **CATALOG** (📖) Taste **CASIO fx-82/85DE CW**

CATALOG (📖) Taste beim Modell **CASIO fx-810DE CW**

Funktionsanalyse nur CASIO fx-82/85DE CW

Funktionsanalyse nur CASIO fx-810DE CW

Wahrscheinlichkeit nur CASIO fx-82/85DE CW

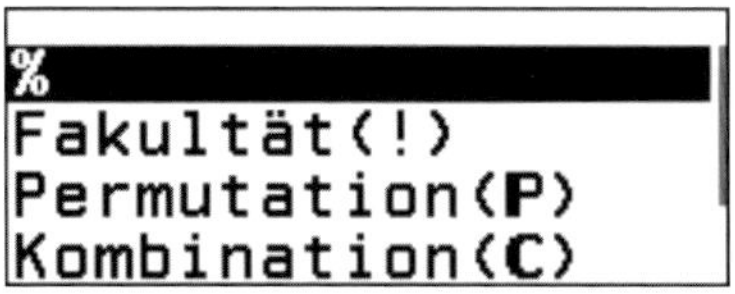

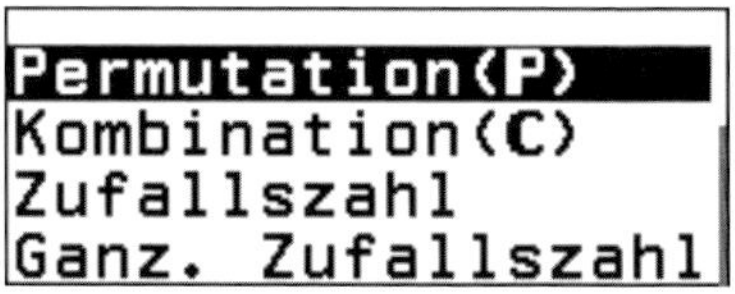

Wahrscheinlichkeit nur CASIO fx-810DE CW

```
Fakultät(!)
Kombination(C)
Zufallszahl
Ganz. Zufallszahl
```

Num. Berechnung nur CASIO fx-82/85DE CW

```
Absolutwert
Periodendarstell.
Ganzzahl
Rundung
```

```
Ganzzahl
Rundung
Größte Ganzzahl
Internes Runden
```

Num. Berechnung nur CASIO fx-810DE CW

```
Absolutwert
Periodendarstell.
Ganzzahl
Rundung
```

```
Ganzzahl
Rundung
Größte Ganzzahl
Internes Runden
```

Winkel / Koord / 60S nur CASIO fx-82/85DE CW

```
Grad
Bogenmaß
Gon
Kartes. zu Polar
```

```
Gon
Kartes. zu Polar
Polar zu Kartes.
Grad Min. Sek.
```

Hyperbol./Trig

$\sinh$
$\cosh$
$\tanh$
$\sinh^{-1}$

$\cosh^{-1}$
$\tanh^{-1}$
$\sin$
$\cos$

```
tan
sin⁻¹
cos⁻¹
tan⁻¹
```

Dezimalpräfixe nur CASIO fx-82/85DE CW

```
Milli
Mikro
Nano
Piko
```

```
Femto
Kilo
Mega
Giga
```

```
Giga
Tera
Peta
Exa
```

Wissensch. Konst nur CASIO fx-810DE CW

```
Univers. Konst.     ►
Elek.mag. Konst.    ►
Atom./Nuk. Konst    ►
Phys/Chem. Konst    ►
```

```
Atom./Nuk. Konst    ►
Phys/Chem. Konst    ►
übernomm. Werte     ►
Anderes             ►
```

1.4.2 TOOLS

Über die Taste **TOOLS** (ooo) erhält man Zusatzfunktionen, die jedoch kontextabhängig zum jeweiligen Menü sind.

```
Tabellenbereich
f(x)/g(x) defin.    ►
Tabellentyp         ►
Editieren           ►
```

Beispiel: Tools im Kontext zu Wertetabellen

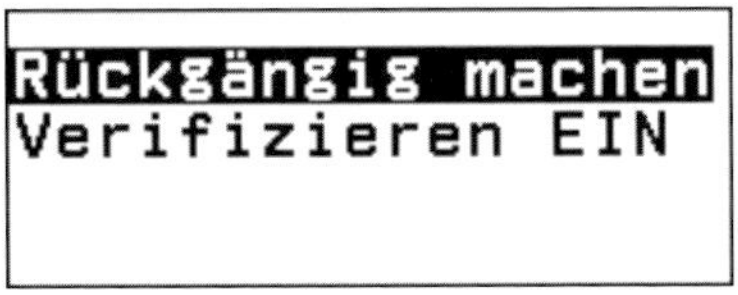

Beispiel: Tools im Kontext zu Berechnung

1.4.3 FUNCTION

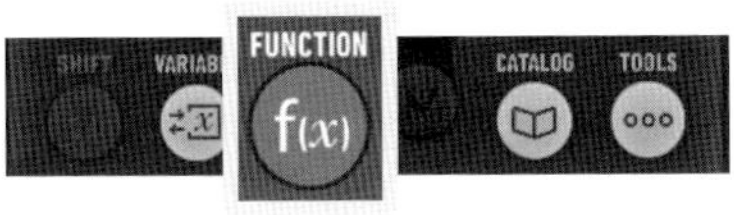

Im Rechner können zwei Funktionen $f(x)$ und $g(x)$ hinterlegt werden und mit Funktionswerten aufgerufen werden. Hierzu verwendet man die Taste **FUNCTION** .

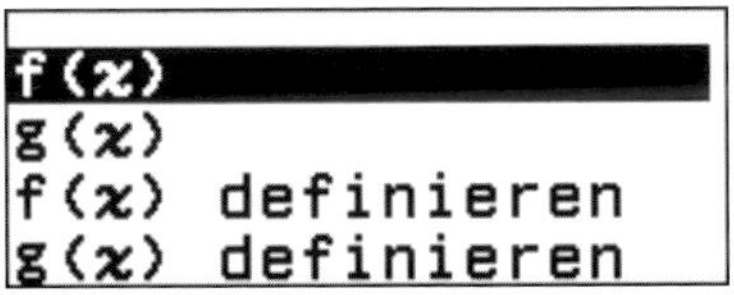

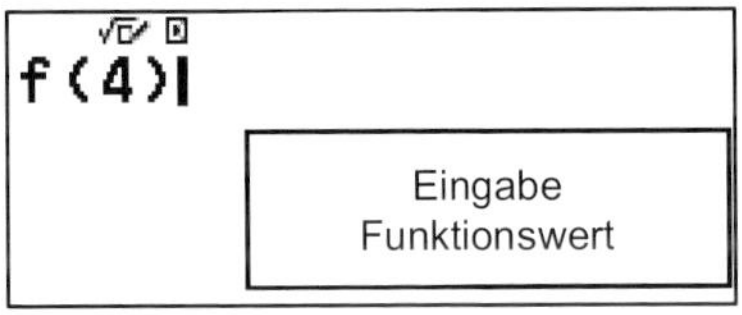

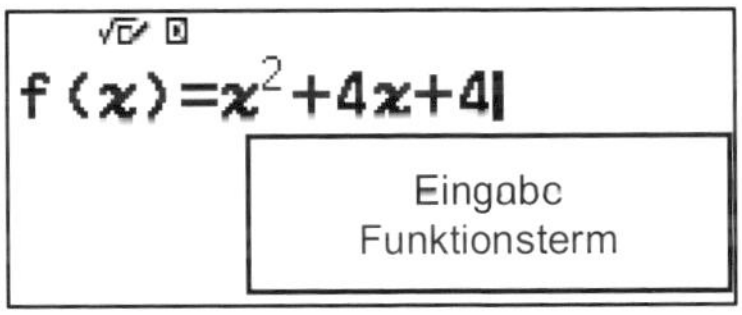

Die ersten beiden Einträge

- $f(x)$
- $g(x)$

dienen der Eingabe von bestimmten x-Werten. Die beiden weiteren Einträge

- $f(x)$ definieren
- $g(x)$ definieren

sind für die Eingabe der Funktionsterme gedacht.

Einmal hinterlegte Funktionen werden auch bei dem Punkt WERTETABELLE des Hauptmenüs verwendet!

1.4.4 VARIABLE

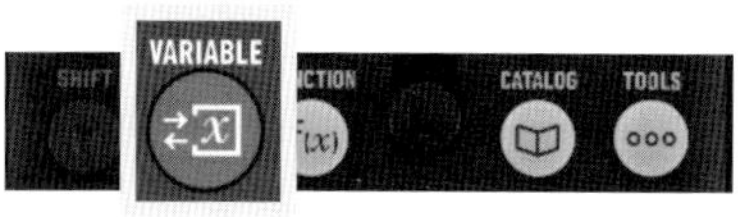

Im Taschenrechner können bis zu neun Variablen hinterlegt werden und in Rechenoperationen eingebaut werden.

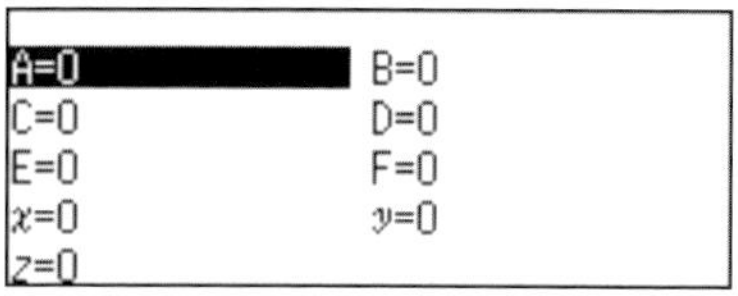

Drückt man die **VARIABLE** Taste werden zunächst alle Variablen mit den zugewiesenen Werten angezeigt.

Wählt man eine Variable aus und drückt **OK** oder **EXE** kann man die Variable detailliert abrufen oder neu definieren.

Wir definieren

A = 0,5 und bestätigen mit **OK** oder **EXE** .

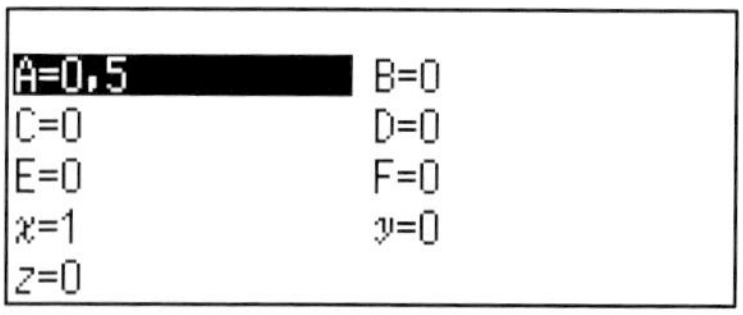

Nach der Bestätigung gelangen wir in die Übersicht zurück.

Der Aufruf oder Einbau von Variablen in Rechenausdrücken oder Funktionen erfolgt mit **SHIFT** und der Taste für den Variablenbuchstaben:

A = SHIFT + 4

1.4.5 FORMAT

Rechenergebnisse können mit der Taste **FORMAT** in verschiedenen Darstellungsweisen angezeigt werden. Die **Voreinstellung** wird unter **Einstellungen = SETTINGS** festgelegt!

Im Beispiel haben wir das Ergebnis eines Bruchs gewählt.

Die Periodendarstellung wird nur angeboten, sofern es möglich ist.

Vier Darstellungsformen auf der ersten Seite ...

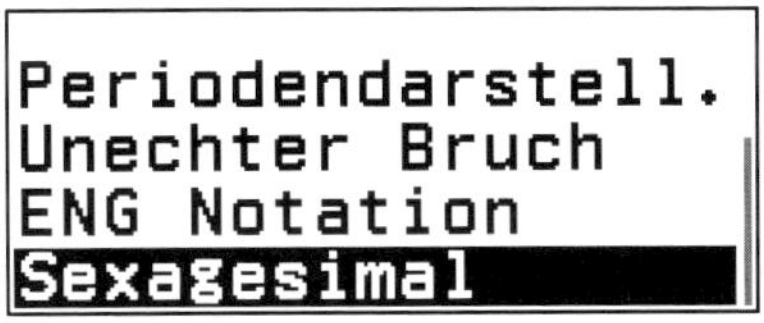

... weitere Darstellungsformen auf der zweiten Seite versteckt

Standard/Voreinstellung

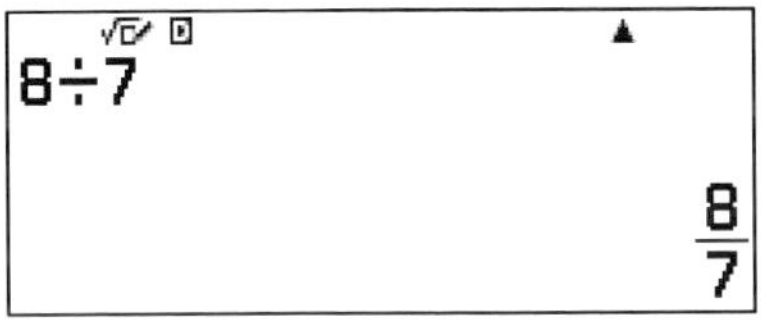

Dezimal

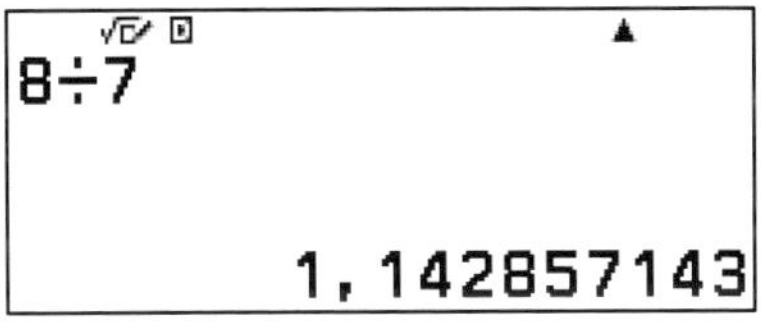

Periodendarstellung

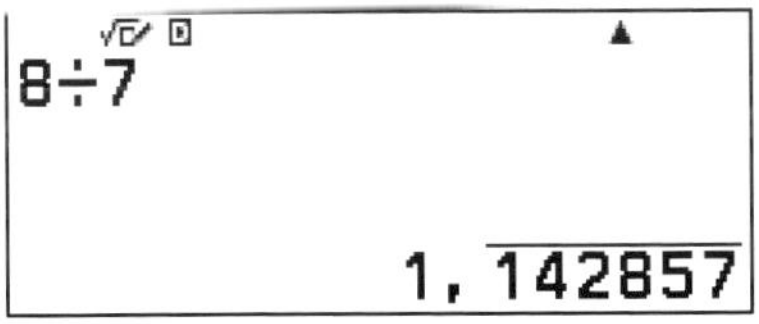

ENG Notation

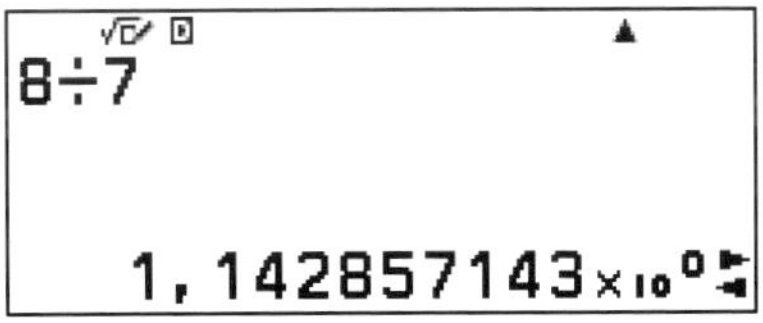

Sexagesimal

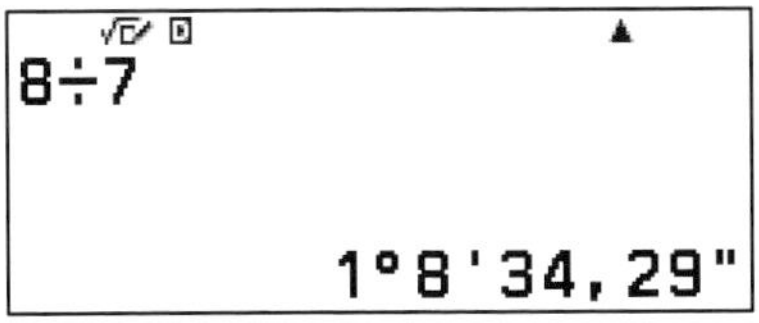

1.5 SETTINGS – Einstellungen am Rechner

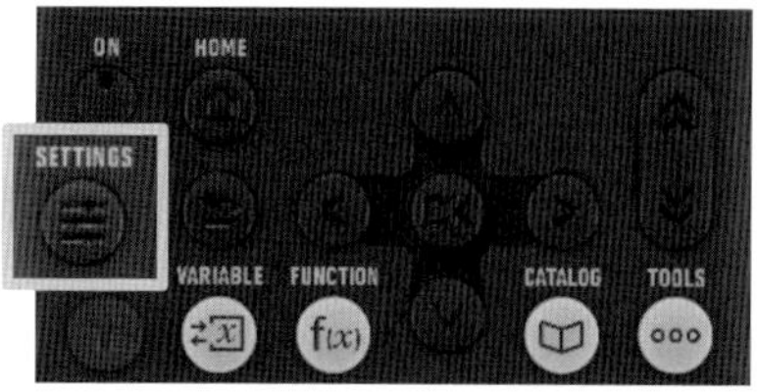

Mit der Taste **SETTINGS** ⊜ gelangen wir zu den Systemeinstellungen. Allerdings müssen wir uns hierzu zunächst in einem der vier Hauptmenüpunkte befinden, um zu den Einstellungen des Rechners zu gelangen.

Klicken wir im Hauptmenü **HOME** ⌂ auf die Taste **SETTINGS** ⊜ erscheint ein QR-Code.

Diesen QR-Code können wir mit unserem Smartphone oder Tablet-Computer einscannen und gelangen so auf eine WEB-Seite von CASIO, auf der wir die Bedienungsanleitung aufrufen können.

Settings im Berechnungsfenster

Einstellmöglichkeiten

1.5.1 Recheneinstellungen

Unter Recheneinstellungen können wir unter fünf Einträgen wählen:

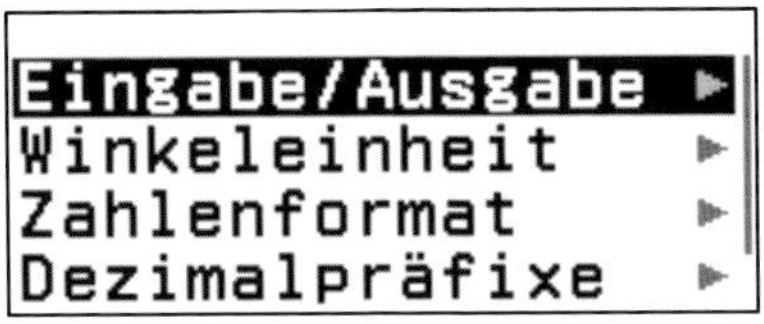

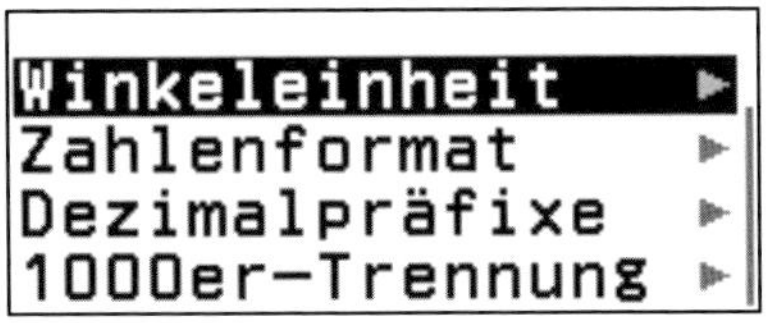

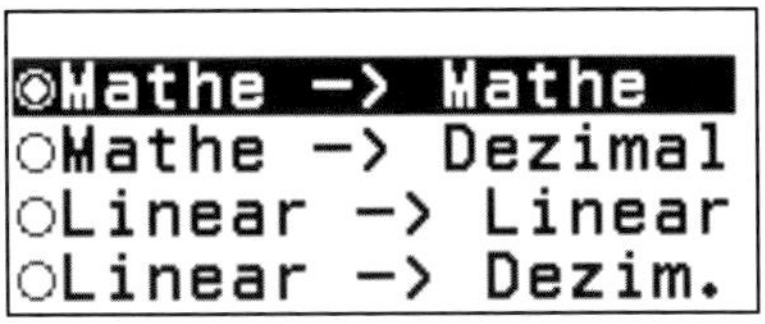

Eingabe/Ausgabe

Die voreingestellte Eingabe- und Ausgabeanzeige wird hier festgelegt.

Mathe -> Mathe bedeutet hier, dass der Rechner selbst über die Anzeigeform entscheidet. Im Zweifelsfall kann man immer noch mit der Taste **FORMAT** die Darstellung eines Rechenergebnisses ändern.

Winkeleinheit

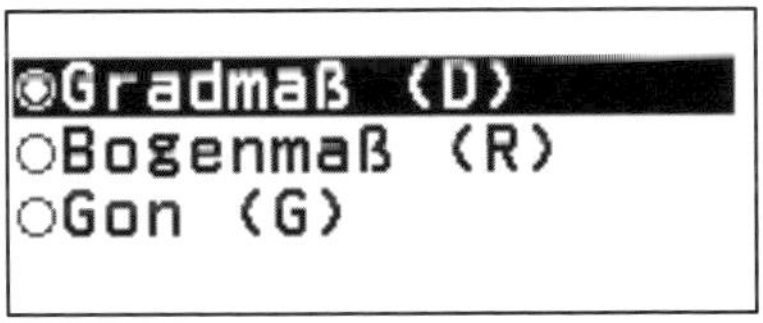

Die Winkeleinheit kann im

- Gradmaß von $0° - 360°$
- Bogenmaß von $0 - 2\pi$
- Gon (Neugrad) von 1 – 400

angegeben werden.

Zahlenformat

Bei der Darstellung von Zahlen können wir zwischen

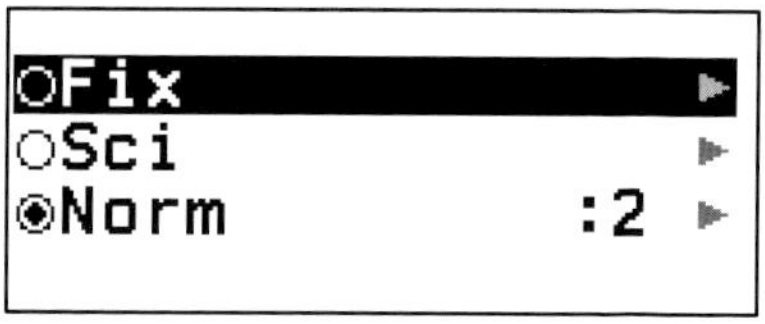

- **Fix**: Feste Anzahl von Nachkommastellen

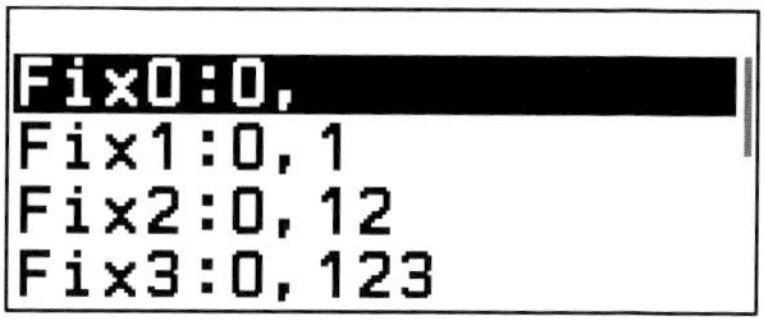

- **Sci**: Wissenschaftliche Darstellung mit fest vorgegebener Anzahl von relevanten Stellen in Zehner-Potenzschreibweise

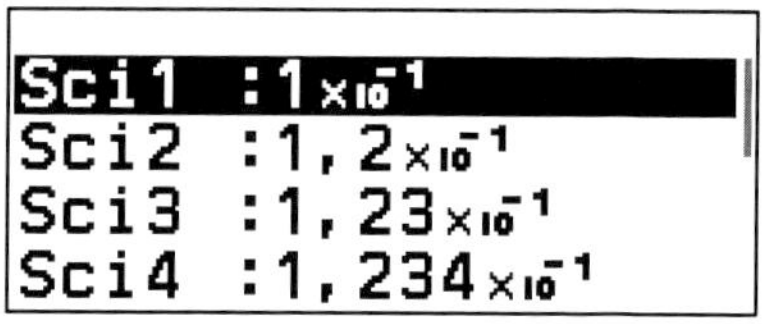

- **Norm**: Standard-/ (Norm-) Darstellung
  Norm1:
  3 gültige Stellen in 10er-Potenzschreibweise
  Norm2:
  Dezimalschreibweise

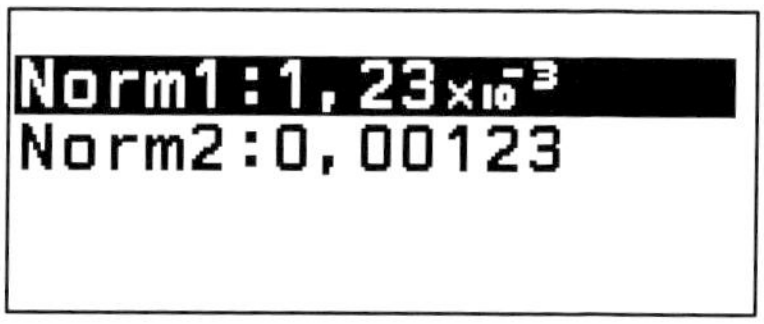

Dezimalpräfixe

NUR CASIO fx-82/85DE CW

Dezimalpräfixe sind Abkürzungen / Vorsätze für die jeweiligen Tausender-Stellen, z.B.:

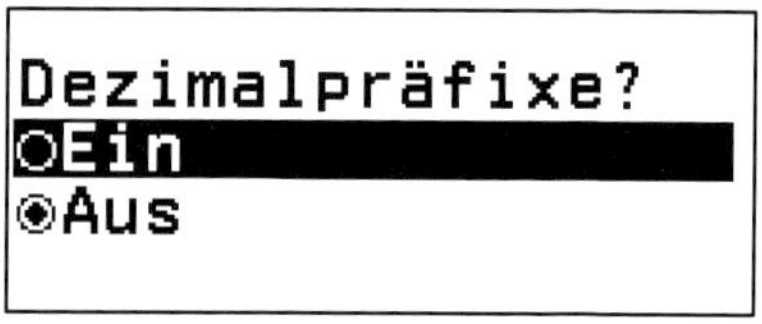

- $k = Kilo = 1\,000 = 10^3$
- $M = Mega = 1\,000\,000 = 10^6$
- $m = Milli = \frac{1}{1000} = 10^{-3}$

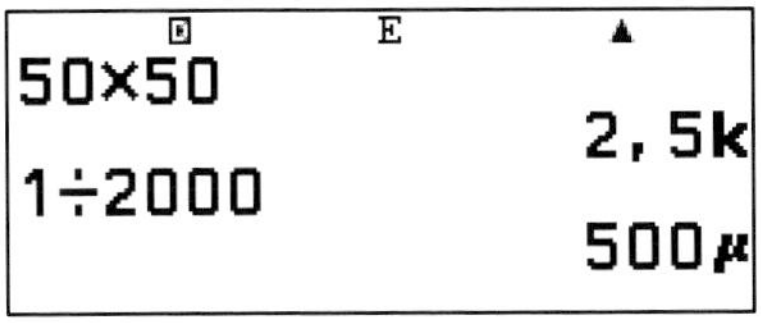

Dezimalpräfixe eingeschaltet

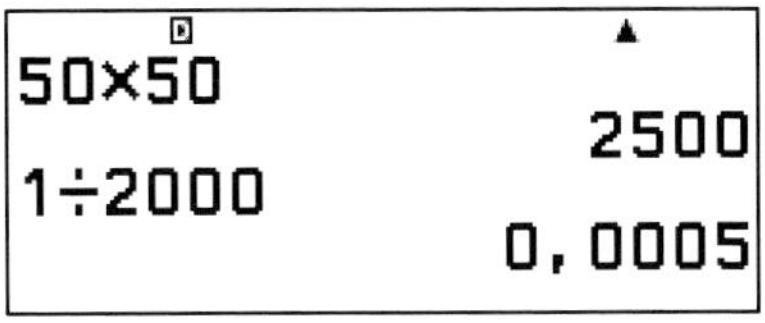

Dezimalpräfixe ausgeschaltet

Bruchergebnis NUR CASIO fx-82/85DE CW

Bruchrechenergebnisse können in gemischter oder unechter Bruchschreibweise angezeigt werden.

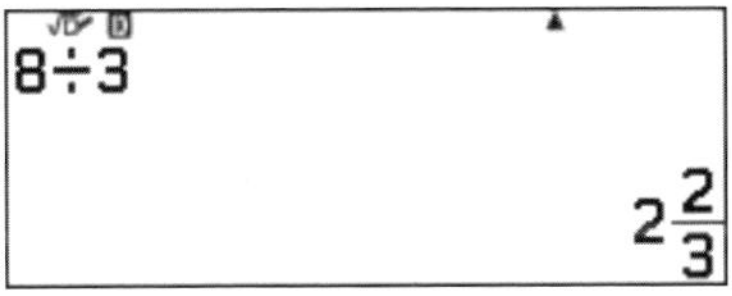

$\frac{8}{3}$ als Gemischter Bruch

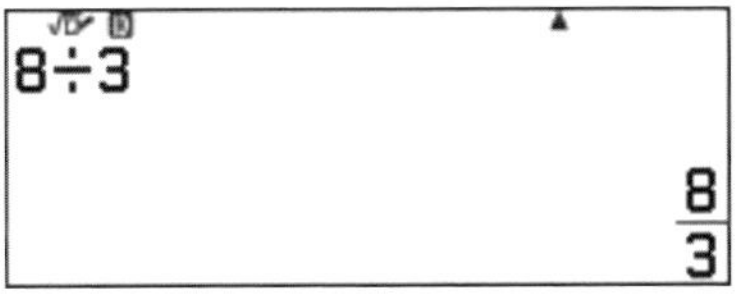

$\frac{8}{3}$ als Unechter Bruch

1000er-Trennung

Die Tausender-Trennung fügt alle 3 Stellen ein kleines Leerzeichen ein. Dadurch werden große Zahlen übersichtlicher angezeigt.

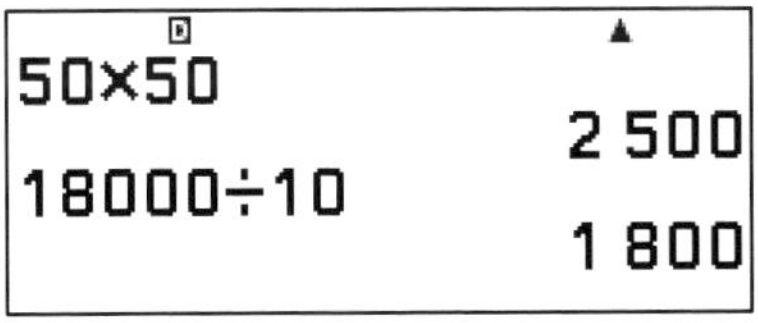

1000er-Trennung eingeschaltet

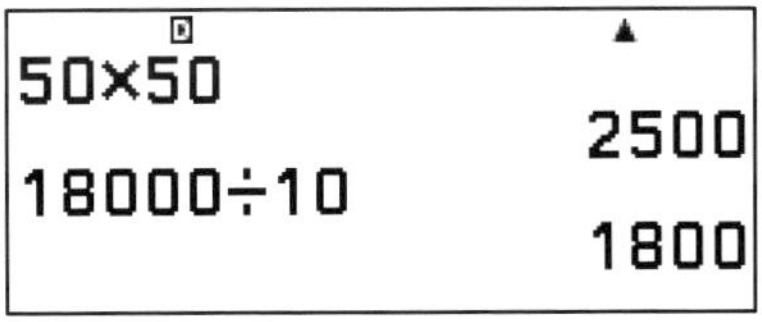

1000er-Trennung ausgeschaltet

1.5.2 Systemeinstellungen

Die Systemeinstellungen beziehen sich nur auf das Gerät und nicht auf mathematische Berechnungen oder Ergebnisse.

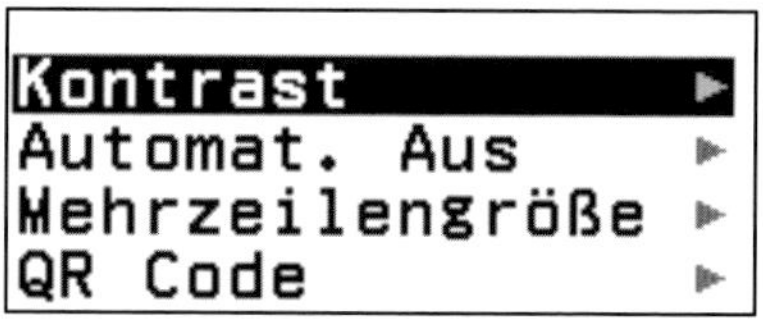

Kontrast

Unter Kontrast stehen vier verschiedene Graustufen zur Verfügung.

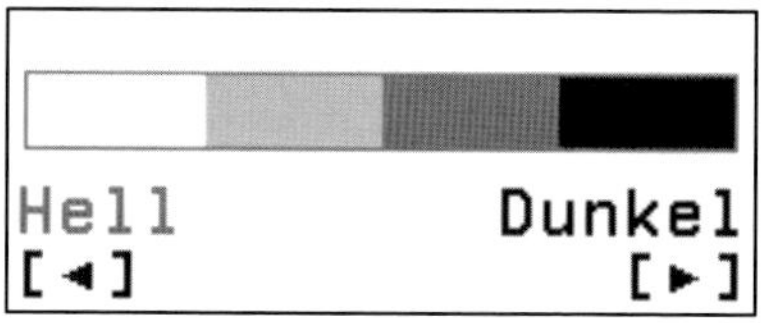

Automat. Aus

Als Stromsparfunktion kann man die automatische Abschaltung nach 10 Minuten oder 60 Minuten einstellen.

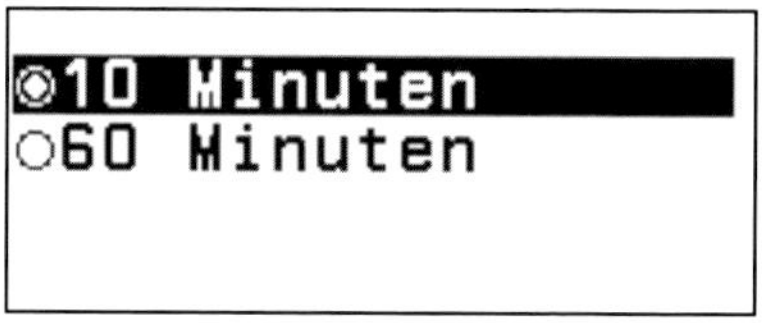

Mehrzeilengröße

Hier hat man die Wahl zwischen normaler und kleiner Schriftgröße.

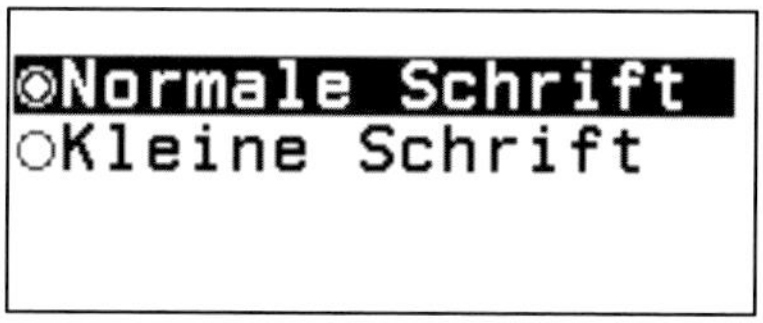

QR-Code

- **Version 3** verwendet
  29 x 29 Module

- **Version 11** verwendet
  61 x 61 Module
  und kann daher mehr Information speichern

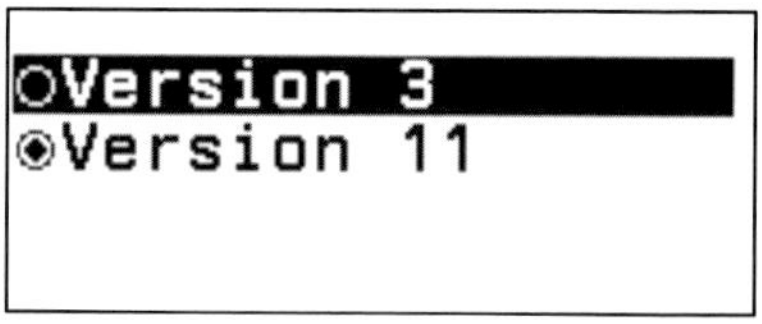

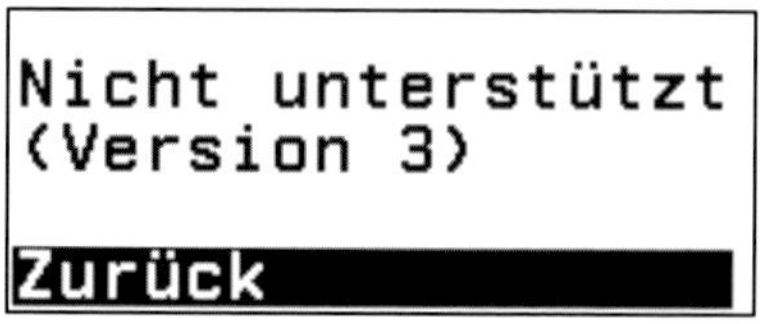

Umfangreiche Berechnungen/Darstellungen werden von Version 3 nicht unterstützt! Daher sollte man die Standard-Einstellung Version 11 nicht ändern!

1.5.3 Zurücksetzen

Die Funktion Zurücksetzen erlaubt noch die Wahl zwischen

- Einstellungen und Daten zurücksetzen
- Variablenspeicher zurücksetzen
- Alles neu initialisieren

Im nächsten Schritt kann man nur wählen zwischen:

- Ja
- Abbrechen

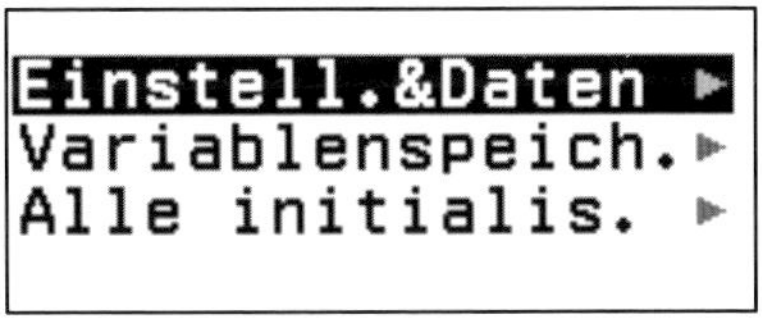

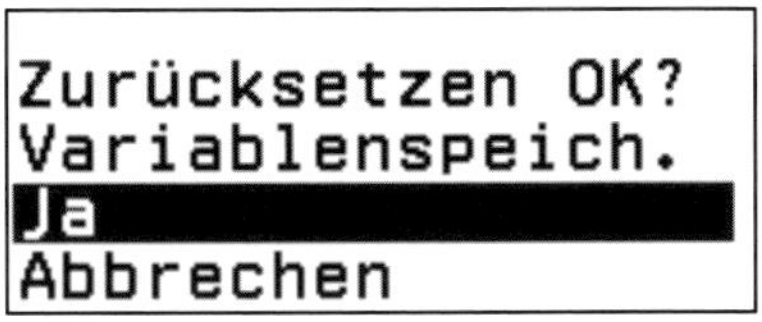

1.5.4 Beginnen

Der Punkt Beginnen in den **Einstellungen / SETTINGS** führt zu dem bereits erwähnten QR-Code. Dieser verweist auf die CASIO Homepage und führt zur Bedienungsanleitung.

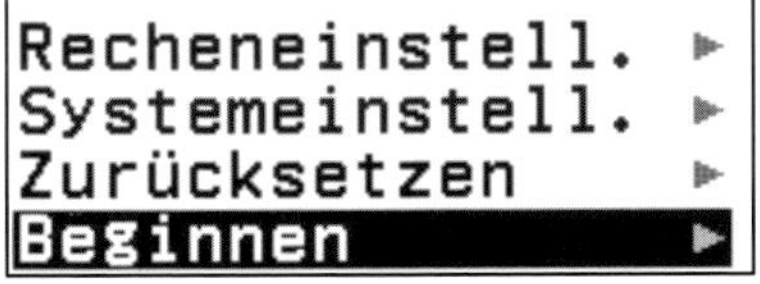

1.6 Der Antwortspeicher Ans

Das Ergebnis der letzten Berechnung wird im sogenannten Antwortspeicher abgelegt und kann mit der Taste **Ans** (Ans) in neue Berechnungen wieder eingefügt werden.

Bei früheren CASIO Modellen befand sich die Ans-Taste immer in der Nähe der **EXE** (EXE) oder Gleichheitszeichen-Taste =.

Bisherige Position der Ans-Taste

Beim **CASIO FX-810DE CW** befindet ich die Ans-Taste (Ans) direkt über der Taste der Zahl 7.

Beim **CASIO FX-82/85DE CW** befindet ich die Ans-Funktion (Ans) **in der Zweitbelegung über SHIFT + Taste π**. Eine direkte Taste gibt es bei diesen Modellen nicht!

Neue Position der Ans-Taste

CASIO fx-82/85DE CW

Neue Position der Ans-Taste

CASIO fx-810DE CW

Beispiele zur Nutzung des Antwortspeichers

Berechne den Quotienten aus 100 und 50 und addiere anschließend 10. Viertele das neue Ergebnis.

Wir geben ein:

$$100:50$$

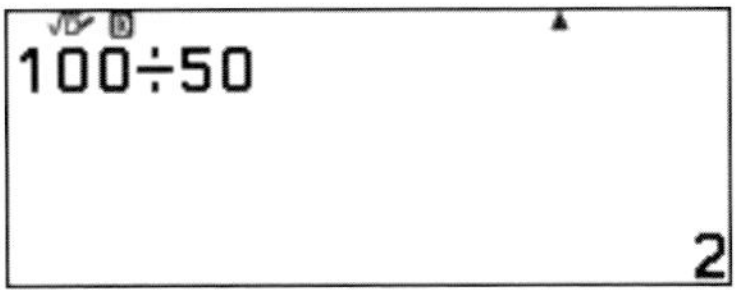

Zur weiteren Berechnung geben wir nur noch ein:

$$+10$$

Im Display erscheint:

$$Ans + 10$$

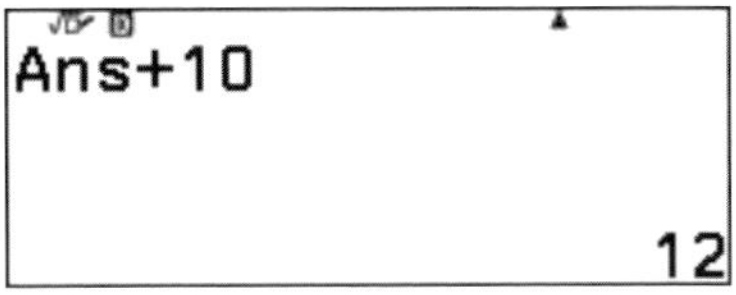

Aus dem Antwortspeicher wird das Ergebnis der vorherigen Rechnung (2) genommen und 10 wird addiert:

$$2 + 10 = 12$$

Das neue Ergebnis wird nun durch vier geteilt:

$$Ans: 4 = 3$$

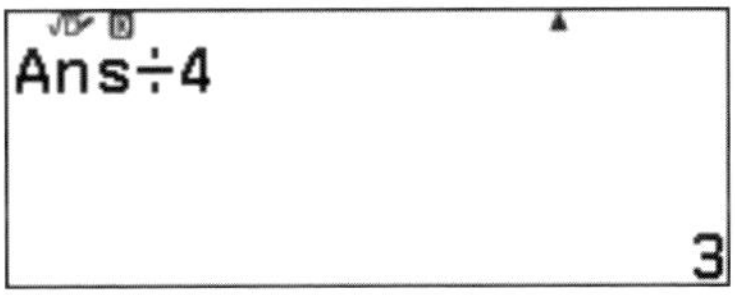

2 Mathematische Berechnungen durchführen

2.1 Die Grundrechenarten

Die Grundrechenarten werden durch entsprechende Tasten auf der Tastatur abgebildet. Hierbei gilt bei der Eingabe wie üblich die Regel: Punktrechnung geht vor Strichrechnung. Potenzen werden zuerst ausgerechnet. Klammern haben Vorrang.

Versuche, die folgenden Aufgaben im Kopf und dann im Rechner nachzuvollziehen!

Beispiele

$8 + 5 \cdot 2$

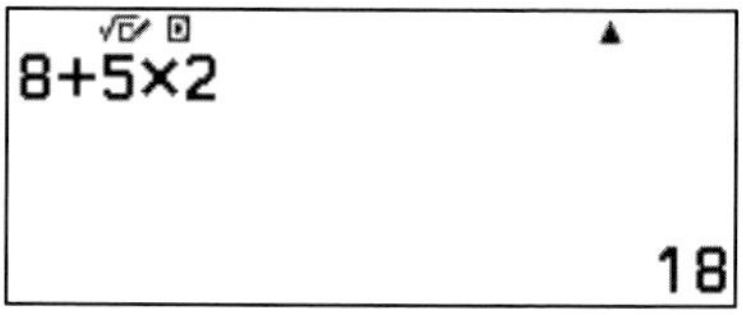

$17 \cdot 4 - 4$

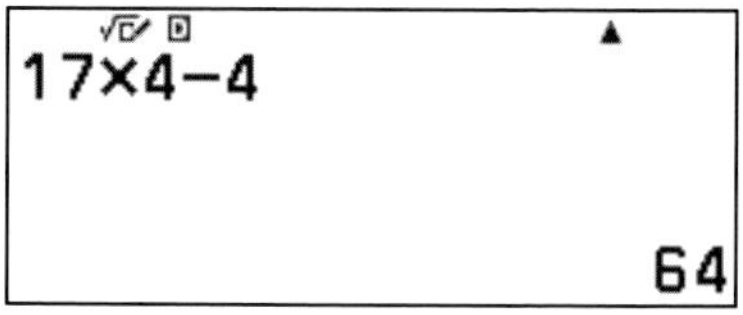

$(20^2 - 16 \cdot 16) \cdot 2 - 1000: 5$

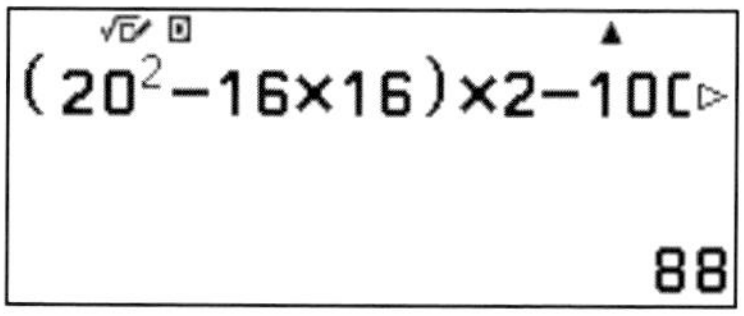

$(300 - 150 \cdot 2) - (400 - 900: 2)$

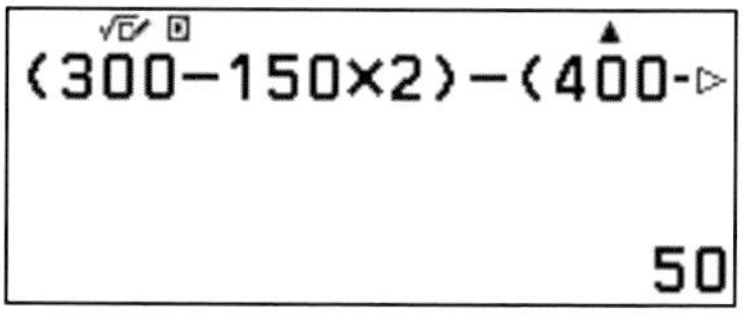

$3 \cdot 4 + 6 \cdot 5 \; - 7^2 + 5$

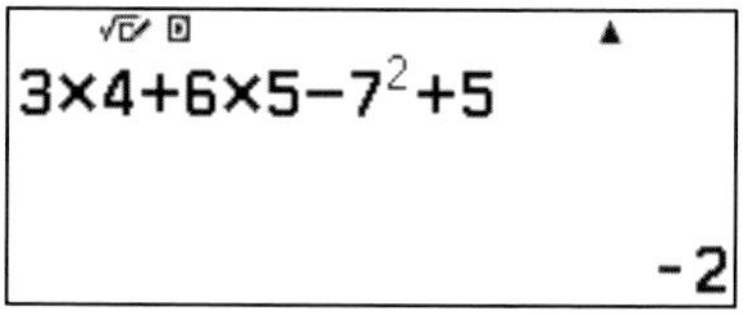

2.2 Bruchrechnung

Bild: CASIO fx-82/85DE CW

Zur Eingabe von Brüchen hat der Rechner eine eigene Taste $\frac{\blacksquare}{\square}$. Diese befindet sich links oben neben der Taste (x) für die Variable x.

Die Eingabe einer **gemischten Bruchdarstellung,** z.B. $\frac{25}{3} = 8\frac{1}{3}$ **ist über Shift + Taste $\frac{\blacksquare}{\square}$ möglich.**

> **Hinweis:** Achte bei der Eingabe immer darauf, ob sich der Cursor gerade im Zähler oder Nenner befindet.
>
> **Nur bei den Modellen CASIO fx-82/85DE CW ist über SHIFT die Eingabe eines gemischten Bruchs möglich!**

Beispiele

$$\frac{5}{3} + \frac{2}{6}$$

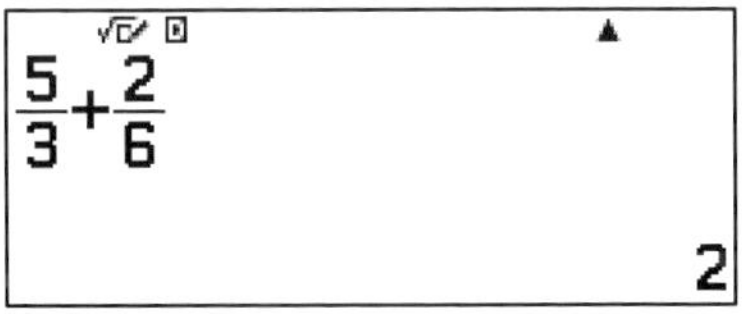

$$\frac{1}{2} + \frac{2}{3} - \frac{3}{4} + \frac{4}{5}$$

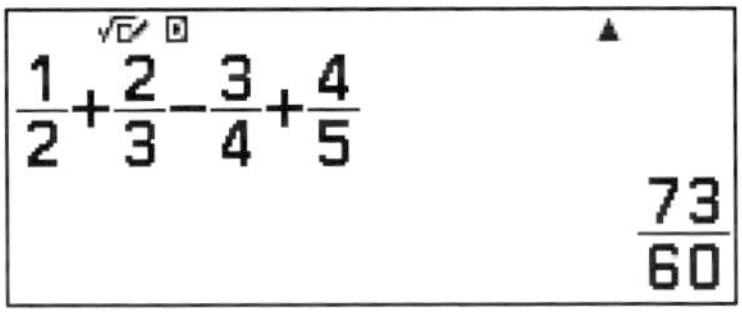

$$\frac{\frac{3}{8} + \frac{1}{4}}{\frac{4}{3}}$$

$$\frac{2}{10} + \frac{2}{5} + \frac{3}{15} - \frac{15}{25}$$

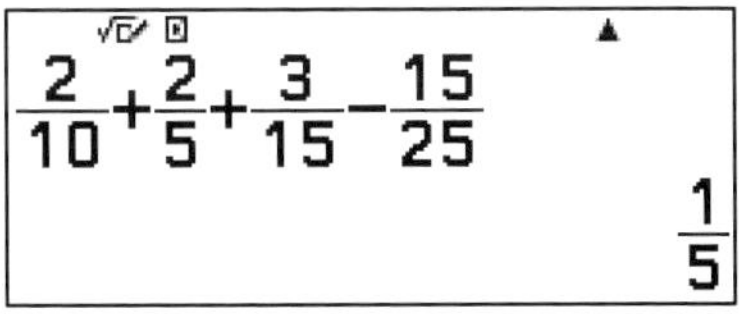

2.3 Prozentrechnung

NUR CASIO fx-82/85DE CW

Prozent bedeutet „von Hundert“. Daher stehen Prozentangaben immer im Zusammenhang mit der Bruchrechnung und „jedes Prozent“ entspricht $\frac{1}{100}$.

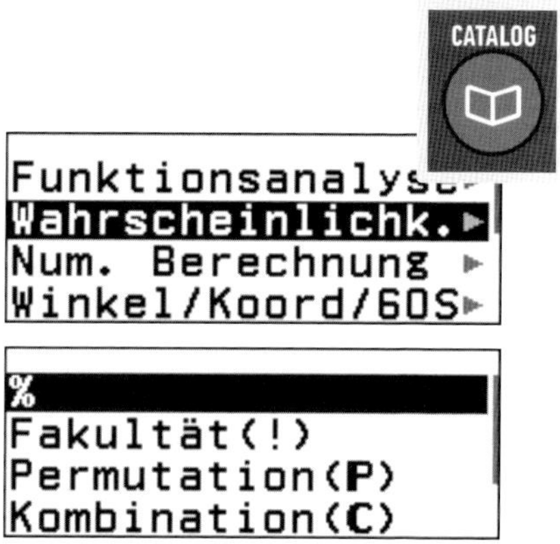

Leider suchen wir auf der Tastatur vergeblich nach dem Prozentzeichen **%**.

Die Prozentfunktion / das Prozentzeichen ist jedoch vorhanden und befindet sich unter CATALOG verborgen!

Entscheide selbst, welcher Weg zur Eingabe praktischer ist:

p% über CATALOG oder $\frac{p}{100}$ als Bruch.

In der Prozentrechnung rechnen wir mit den Größen:

Grundwert	G_W	Unsere Basisgröße
Prozentwert	P_W	Der prozentuale Wert der Basisgröße/des Grundwerts
Prozentsatz	$p\%$	Die Prozentzahl oder der Bruchteil, der den Anteil beschreibt

Es gelten die bekannten Gesetzmäßigkeiten:

$$G_W = \frac{P_W}{p\%} \qquad P_W = G_W \cdot p\% \qquad p\% = \frac{P_W}{G_W}$$

Beispielaufgaben

Berechne den **Prozentwert** mit den Angaben: $G_w = 375,\ p\% = 8\ \%$

Wir geben 8 % als Bruch ein:

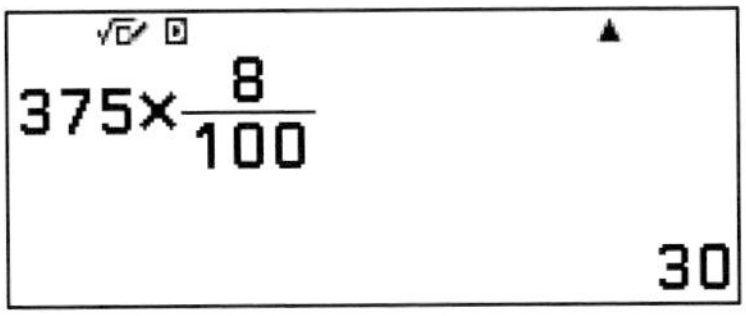

$$P_w = G_w \cdot p\% = 375 \cdot \frac{8}{100} = 30$$

oder mit **%** über **CATALOG**

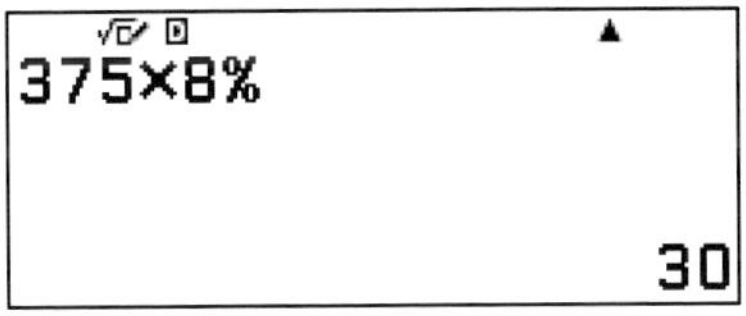

$$P_w = G_w \cdot p\% = 375 \cdot 8\% = 30$$

Berechne den **Prozentsatz** mit den Angaben: $G_w = 120, P_w = 15$

Wir geben ein:

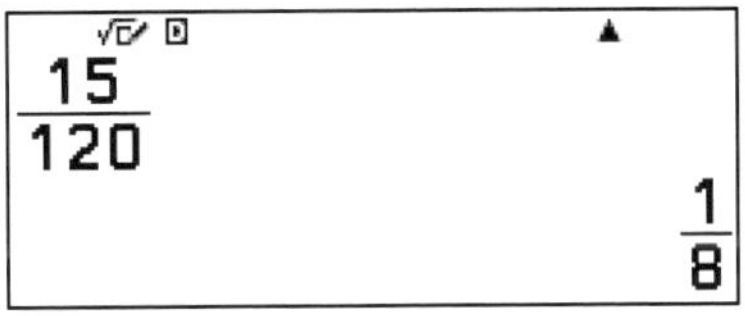

$$p\% = \frac{P_w}{G_w} = \frac{15}{120} = \frac{1}{8} = 0{,}125$$

Mit **FORMAT** stellen wir auf **Dezimal** um und können den Prozentsatz ablesen.

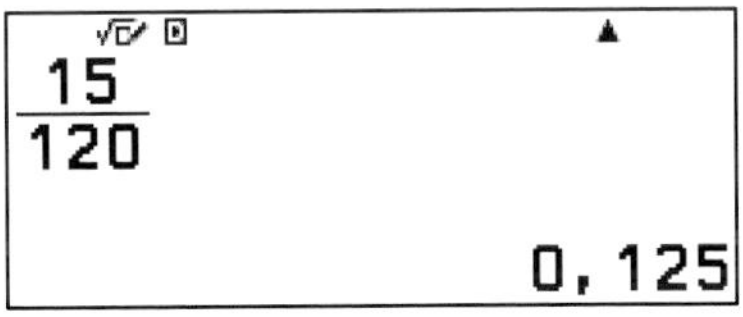

Berechne den **Grundwert** mit den Angaben: $P_w = 28,\ p\% = 5\%$

Wir geben als Bruch ein:

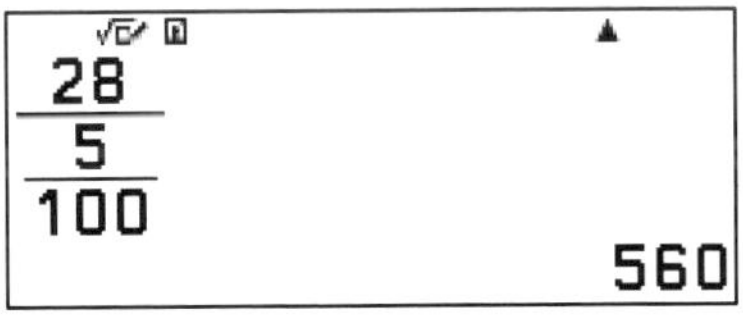

$$G_w = \frac{P_w}{p\%} = \frac{28}{\frac{5}{100}} = 560$$

oder mit **%** über **CATALOG** :

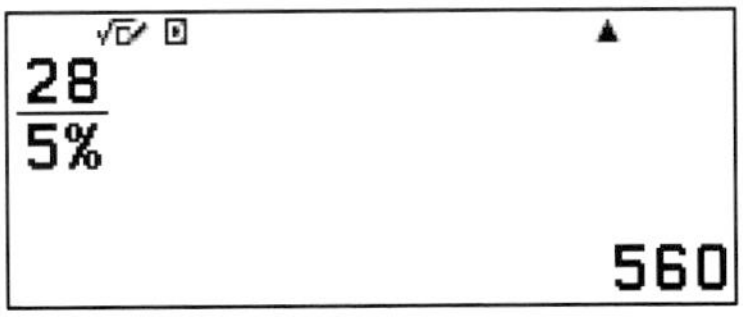

$$G_w = \frac{P_w}{p\%} = \frac{28}{5\%} = 560$$

2.4 Wurzeln

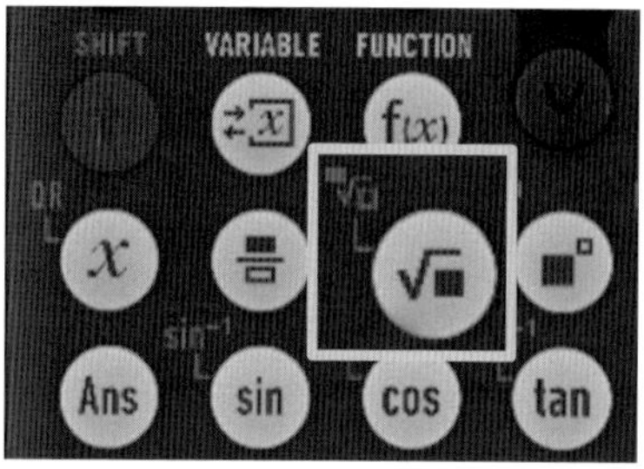

Für die **Quadratwurzel** (√■) gibt es eine eigene Taste.

Mit **SHIFT** (⇧) **+ Wurzel** (√■) können wir die n-te Wurzel berechnen.

Achtung!

Die Wurzel-Taste immer zuerst drücken und anschließend den Radikanden eingeben!

Wir berechnen:

$$\sqrt{18} = 3\sqrt{2}$$

Im Standardmodus versucht der Rechner das Ergebnis weiterhin als Wurzelterm zu vereinfachen.

Mit der Taste **FORMAT** (FORMAT) erhalten wir eine dezimale Darstellung.

Wir berechnen eine 3-te Wurzel, indem wir das Formelzeichen mit **SHIFT + Wurzel** eingeben:

$$\sqrt[3]{27} = 3$$

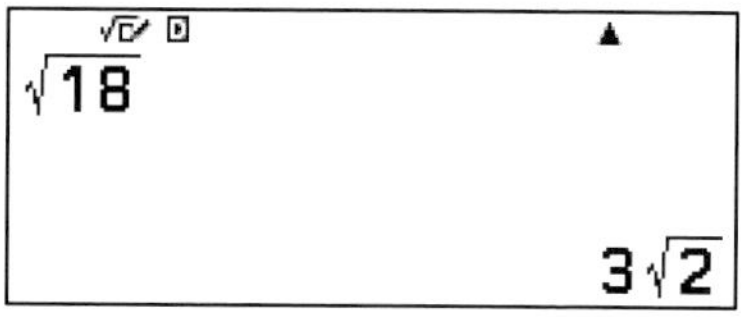

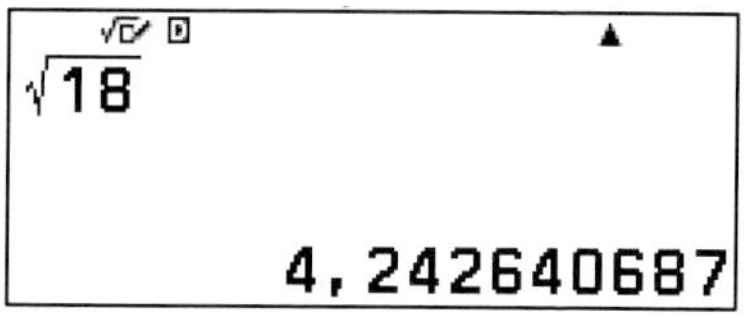

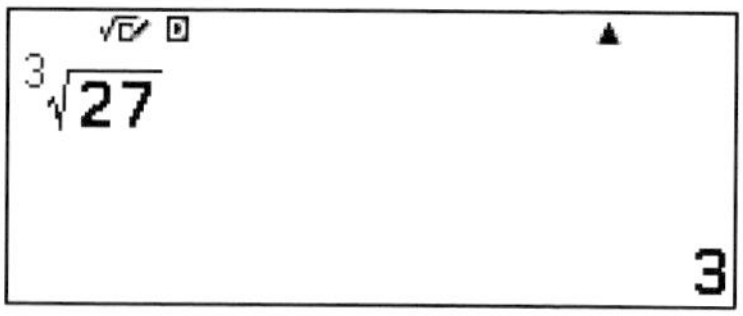

2.5 Potenzen

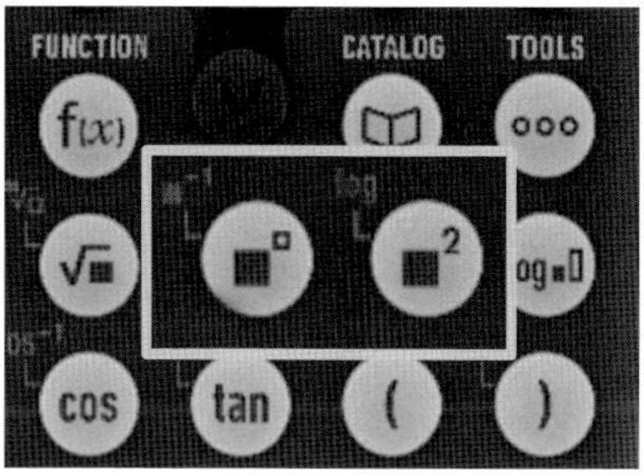

Für Potenzen steht eine Taste für das häufig benötigte **Quadrat** sowie eine weitere Taste für eine **Potenz mit beliebigem Exponenten** zur Verfügung.

Wir geben immer zuerst die Basis der Potenz ein und drücken anschließend die Taste für die Potenz.

Wir berechnen:

$$5^2 = 25$$

$$3^5 = 243$$

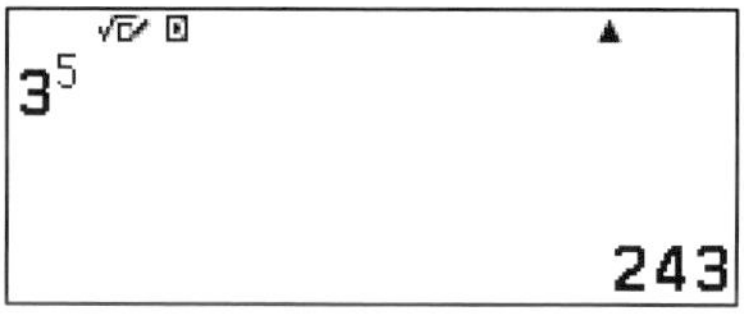

2.6 e-Funktion und Logarithmus

e-Funktion

Die Eulersche-Zahl e kann über **SHIFT** + **8** eingefügt werden.

e^x kann auf diese Weise auch als Funktion gespeichert werden.

Wir berechnen:

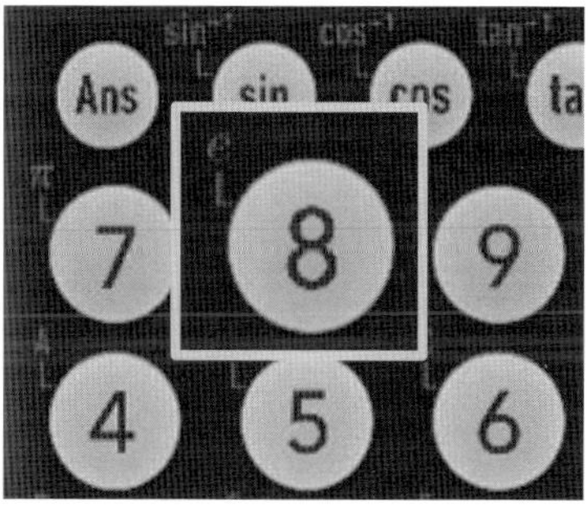

$$e^{ln(e)} = e \approx 2{,}718$$

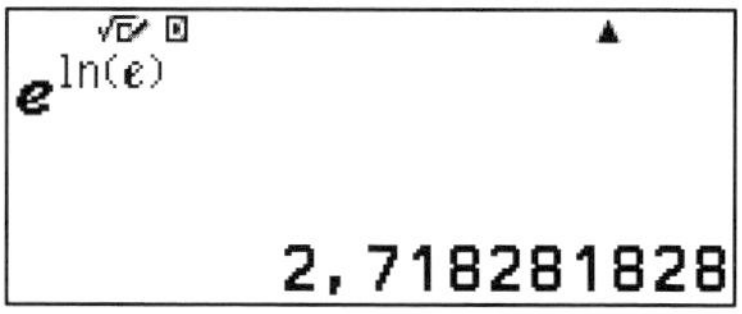

Logarithmus

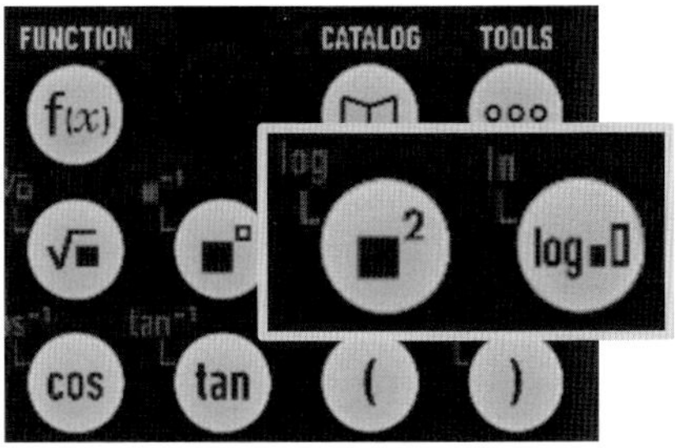

Der Logarithmus zu einer beliebigen Basis kann mit einer eigenen Taste eingegeben werden. Der natürliche Logarithmus (zur Basis e) und der Zehnerlogarithmus (zur Basis 10) werden über

log = SHIFT + QUADRAT

ln = SHIFT + $\log_a b$

Wir berechnen: $\log_5(125) = 3$

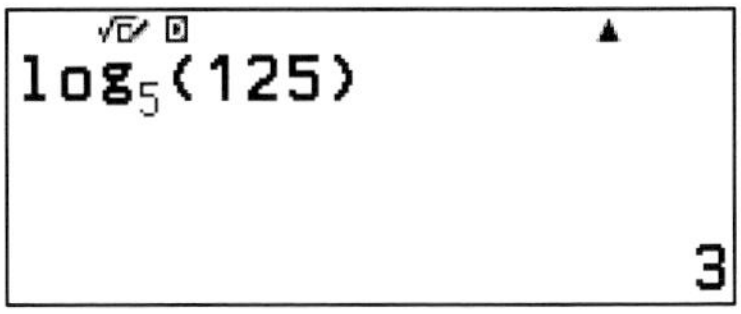

2.7 Trigonometrische Funktionen sin, cos, tan

Die trigonometrischen Funktionen $sin()$, $cos()$ und $tan()$ sowie deren Inverse sind auf der Tastatur abgebildet.

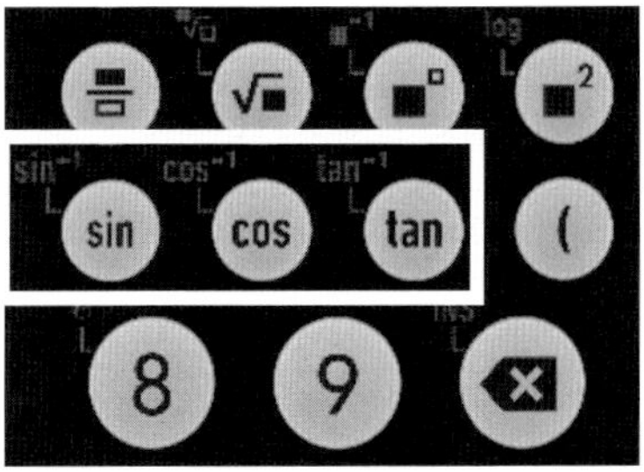

Weitere Funktionen findet man über **CATALOG** unter dem Eintrag **Hyperbol. /Trig**.

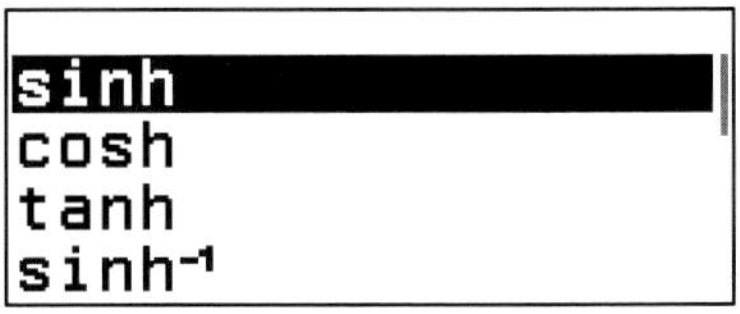

Achtung!

Bei den trigonometrischen Funktionen muss immer die Winkeleinstellung beachtet werden. Diese können wir unter **SETTINGS** prüfen. **Insbesondere bei den inversen trigonometrischen Funktionen muss man die Winkeleinstellung kennen!**

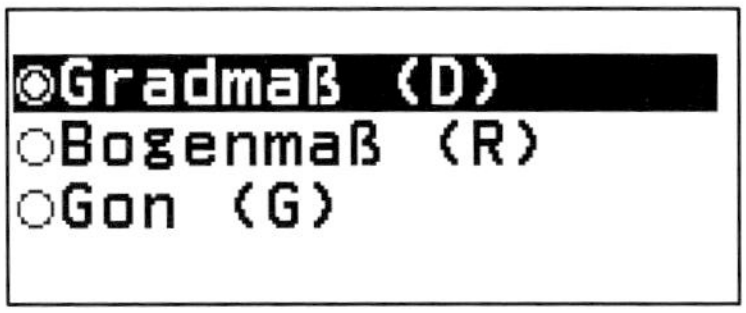

Beispiel

Wir püfen die Winkeleinstellung durch eine einfache Berechnung:

- $sin(90°) = 1$ im Gradmaß
- $sin\left(\frac{\pi}{2}\right) = 1$ im Bogenmaß

Daher prüfen wir das Inverse und geben ein:

$$sin^{-1}(1)$$

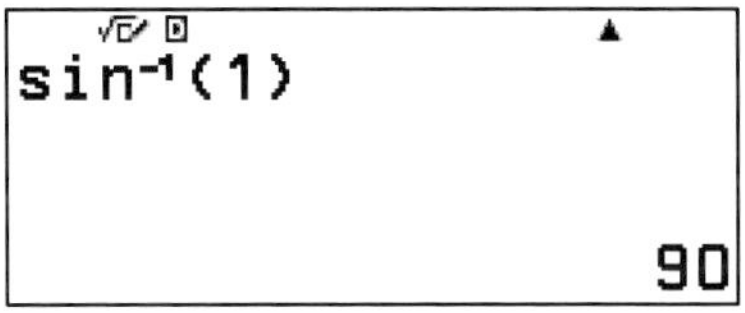

Winkeleinheit **Gradmaß eingestellt**

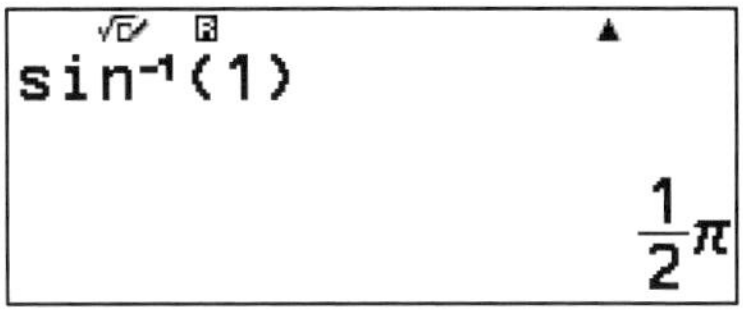

Winkeleinheit **Bogenmaß eingestellt**

2.8 Weitere versteckte Funktionen (CATALOG)

2.8.1 Fakultät

Das Ausrufezeichen für die Funktion **Fakultät** finden wir unter:

CATALOG + Wahrscheinlichk.

Gib zunächst den zu berechnenden Wert ein und füge dann das Zeichen für die Fakultät ein!

$$5! = 1 \cdot 2 \cdot 3 \cdot 4 \cdot 5 = 120$$

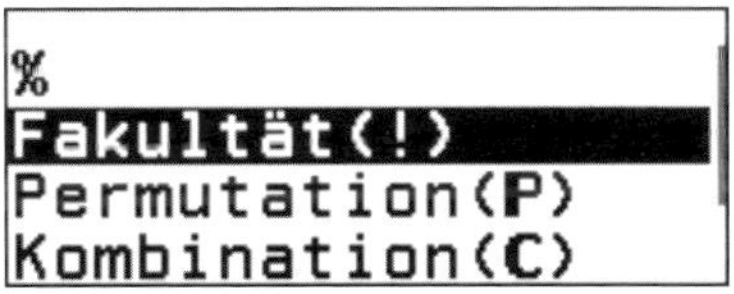

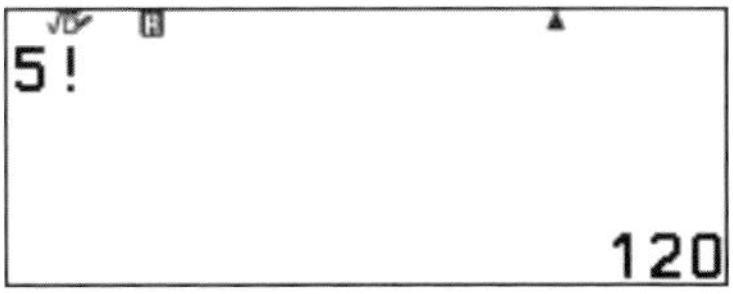

2.8.2 Kombinationen / Permutationen

Kombinationen

Zur Bestimmung der Kombinationen in der Wahrscheinlichkeitsrechnung finden wir die Funktion **nCr** unter:

CATALOG (📖) **+ Wahrscheinlichk.**

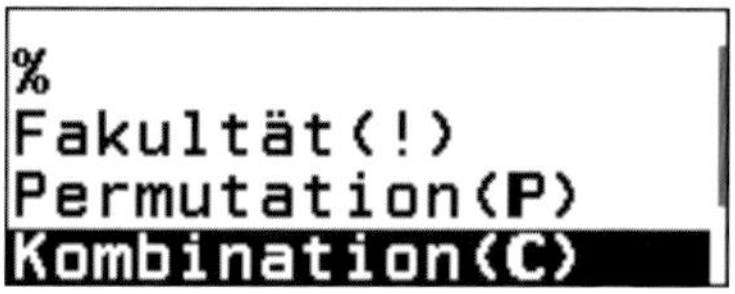

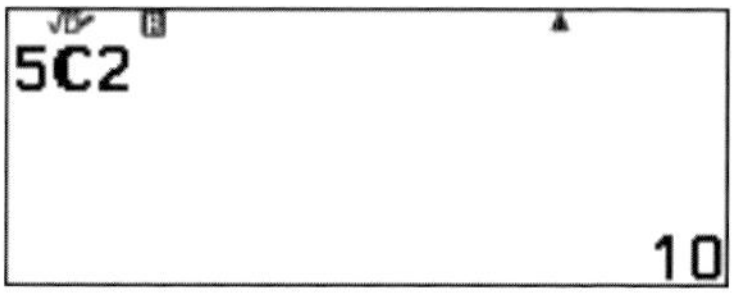

Die Anzahl der Möglichkeiten, 2 aus 5 auszuwählen: $5C2 = 10$

Gib zuerst die erste Zahl ein und wähle dann aus dem **CATALOG** die Funktion **Kombination** aus.

Permutationen

NUR CASIO fx-82/85DE CW

Zur Bestimmung der Permutationen (Kombinationen mit Berücksichtigung der Reihenfolge) finden wir die Funktion **nPr** unter:

CATALOG (📖) **+ Wahrscheinlichk.**

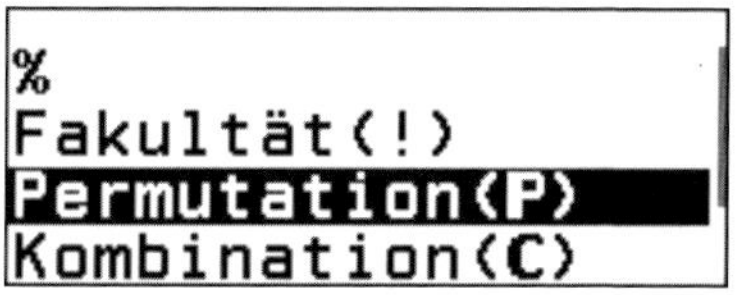

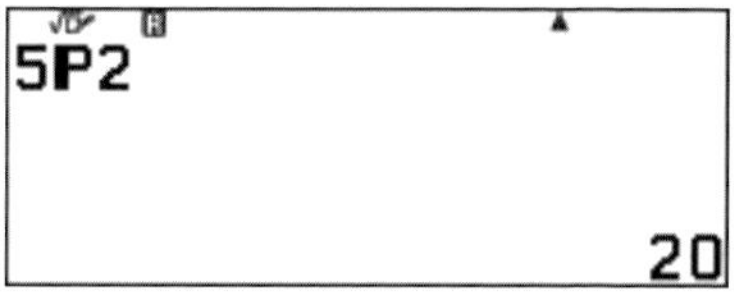

Die Anzahl der Möglichkeiten, 2 aus 5 auszuwählen mit Beachtung der Reihenfolge: $5P2 = 20$

2.8.3 Einzelne Zufallszahlen abrufen

CATALOG + Wahrscheinlichk.

Wir können einzelne Zufallszahlen abrufen. Dabei haben wir zwei Möglichkeiten:

- Zufallszahl: (0..1)
- Ganzzahlige Zufallszahl: eigener Bereich, **mit Semikolon getrennt**

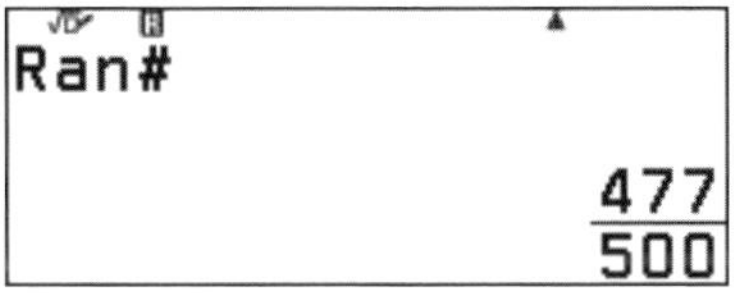

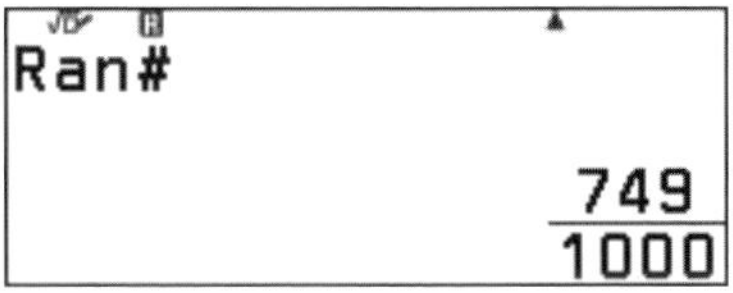

Zufallszahlen zwischen 0 und 1

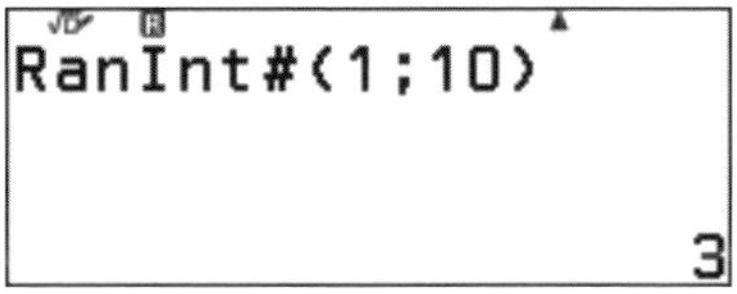

Zufallszahl zwischen 1 und 10

Semikolon = SHIFT +)

2.8.4 Summenbildung / Produktbildung

NUR CASIO fx-810DE CW

Die Summenfunktion und die Produktfunktion finden wir unter:

CATALOG (📖) **+ Funktionsanalyse**

Wir berechnen:

$$\sum_{x=1}^{10} x = 1 + 2 + \cdots + 10 = 55$$

$$\prod_{x=1}^{10} 1 \cdot 2 \cdot 3 \cdot \ldots \cdot 10 = 3628800$$

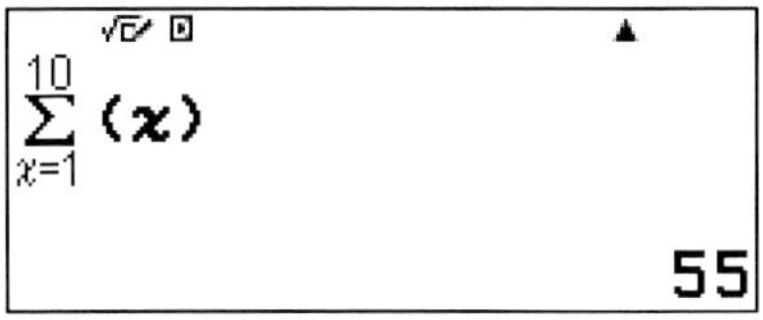

Summenformel

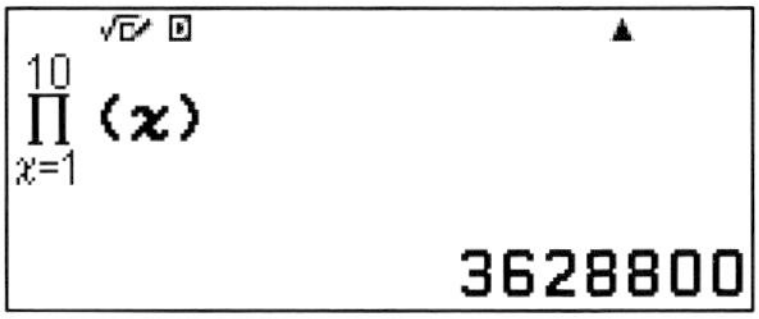

Produktformel

2.8.5 Periodische Darstellung

Periodische Dezimalbrüche können mit einer Funktion eingegeben werden, die sich unter

CATALOG (📖) **+ Num. Berechnung**

verbirgt.

Gib die Zahl bis zu der Position ein, an welcher die Periode stehen soll.

Wir geben ein: $0{,}\overline{33}$

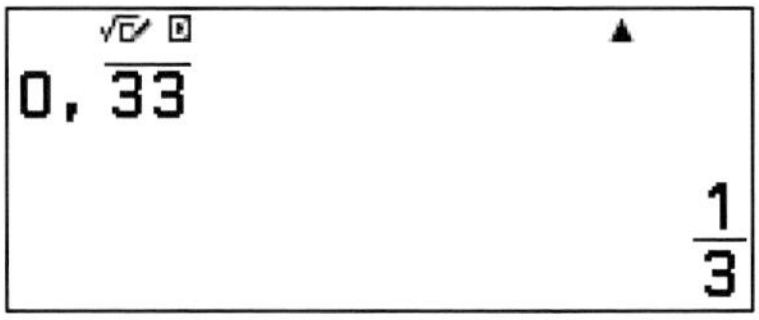

In der Standarddarstellung wandelt der Rechner die Zahl in einen Bruch um, wenn möglich!

2.8.6 Ganzzahliger Anteil / Division mit Rest

Wir oft passt 27 in 699 und welcher Rest bleibt?

Wir rufen auf:

CATALOG (📖) **+ Funktionsanalyse**

und dort den Punkt **Rechnen mit Rest**.

Anstelle des Geteilt Zeichens rufen wir die Funktion **Rechnen mit Rest** auf.

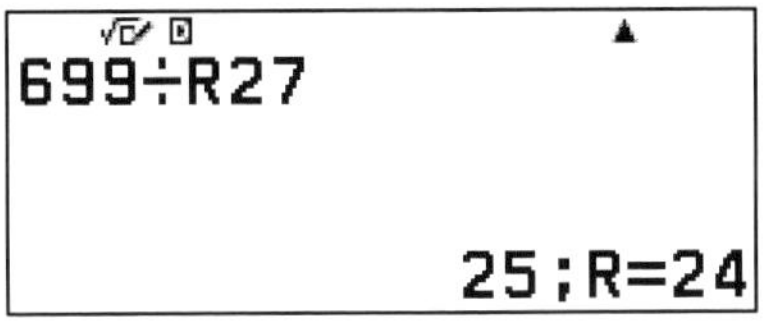

2.8.7 Grad, Minuten und Sekunden (Koordinaten)

NUR CASIO fx-82/85DE CW

Wie viele Stunden, Minuten, Sekunden sind 1,5 h?

Wir geben 1,5 ein und wählen

CATALOG (📖) **+ Winkel/60S**

Jetzt wählen wir **Grad Min. Sek.**

1,5 h = 1 Stunde 30 Minuten

0 Sekunden

Mit dieser Funktion können wir sehr gut mit Zeitdifferenzen rechnen, da in 60er Einheiten für Minuten und Sekunden gerechnet wird!

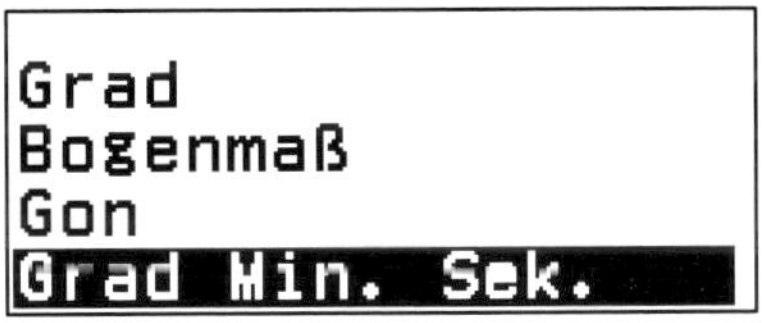

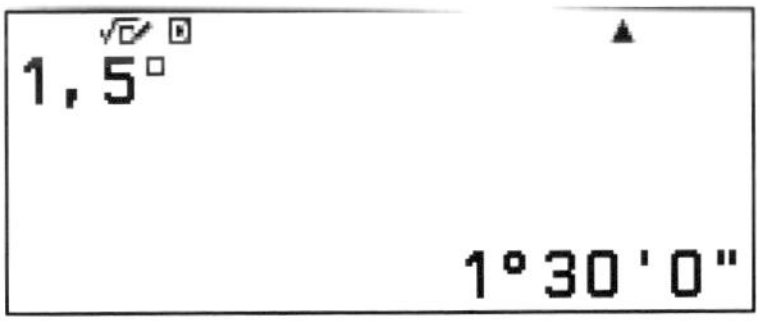

Ein Grad / Minuten /Sekunden Wert wird mit der Taste **SHIFT** und **+** eingegeben. Es erscheint zunächst immer die Grad-Anzeige wie z.B.: **10° 20° 30°**. Erst mit EXE wird es umgewandelt in **10° 20‘ 30“**.

2.8.8 Ingenieur-Symbole / Dezimalpräfixe zum Rechnen

NUR CASIO fx-82/85DE CW

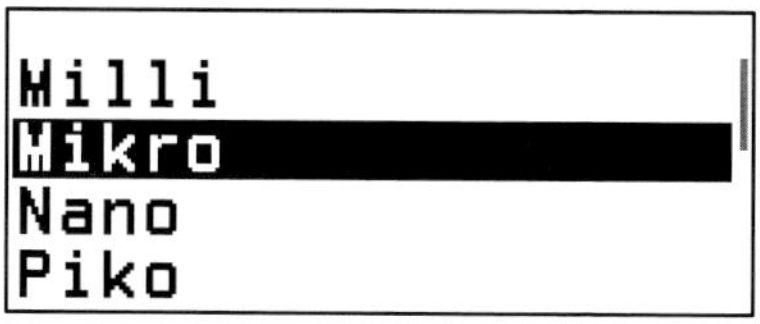

Unter **Ingenieur-Symbolen** bzw. **Dezimalpräfixen** versteht der Rechner die Einzelbuchstaben zum Abkürzen von Zehnerpotenzen:

$$Milli = m = \frac{1}{1000} = 10^{-3}$$

$$Mikro = \mu \ = 10^{-6}$$

$$Nano \ = \ n \ = \ 10^{-9}$$

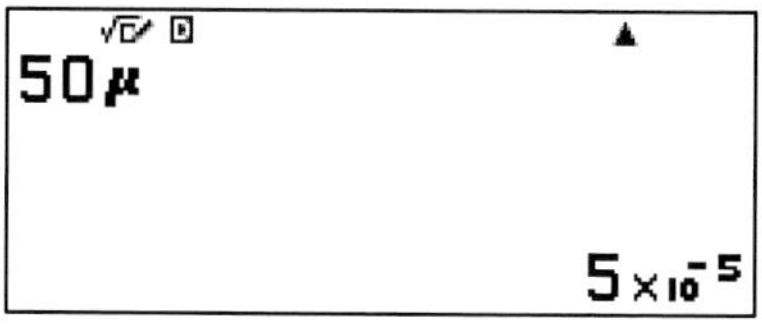

Gib die Zahl ein und anschließend über **CATALOG** + **Dezimalpräfixe** das gewünschte Symbol.

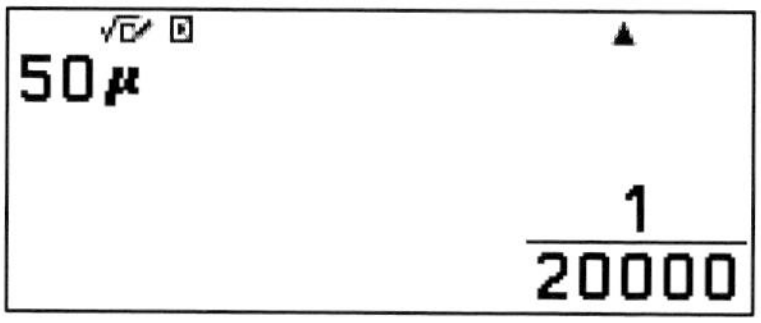

Diese Präfixe können in Berechnungen einbezogen und eingefügt werden. Ebenso kann man damit Einheiten berechnen.

$$50\mu = 5 \cdot 10^{-5} = \frac{1}{20000}$$

2.8.9 Primfaktorzerlegung

NUR CASIO fx-82/85DE CW

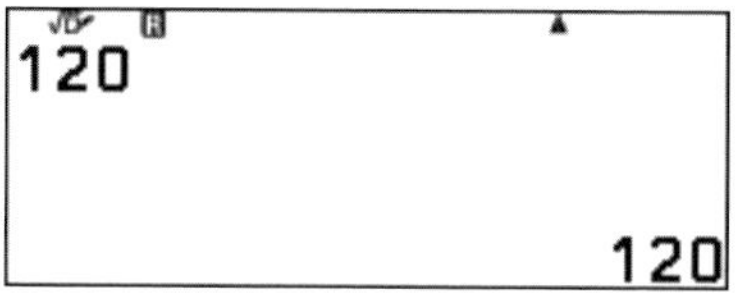

Die Primfaktorzerlegung verbirgt sich hinter der Taste **FORMAT**, allerdings nur, wenn das angezeigte Ergebnis eine ganze Zahl ist.

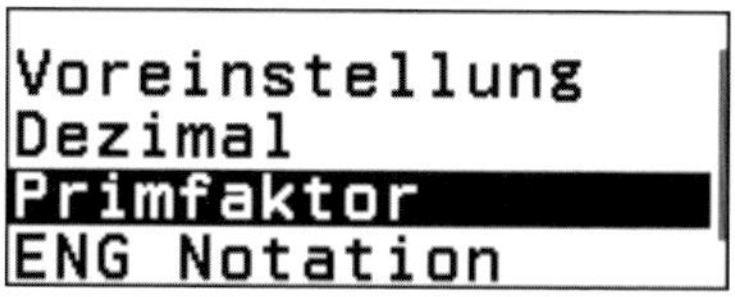

Wir geben eine Zahl ein, oder können auch ein ganzzahliges Rechenergebnis umwandeln. Sich wiederholende Faktoren werden als Potenz dargestellt.

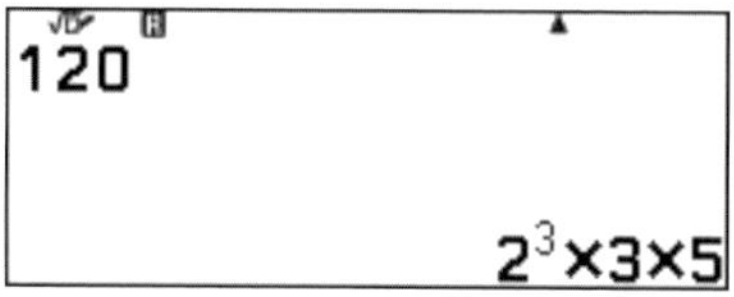

$$120 = 2 \cdot 2 \cdot 2 \cdot 3 \cdot 5 = 2^3 \cdot 3 \cdot 5$$

2.8.10 Rundungsfunktionen

Rundungsfunktionen finden wir unter:

CATALOG + Num. Berechnung

Bei dem Punkt **Rundung** können wir die Anzahl der Stellen hinter dem Komma angeben.

Rundung Rnd( )

Mit der Funktion **Rundung Rnd( )** rundet der Rechner auf das in den **Einstellungen / Settings** eingestellte Zahlenformat.

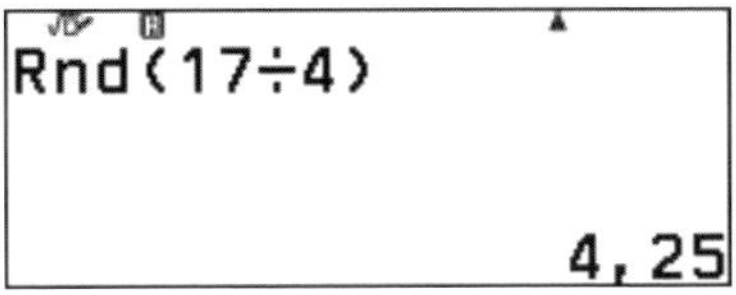

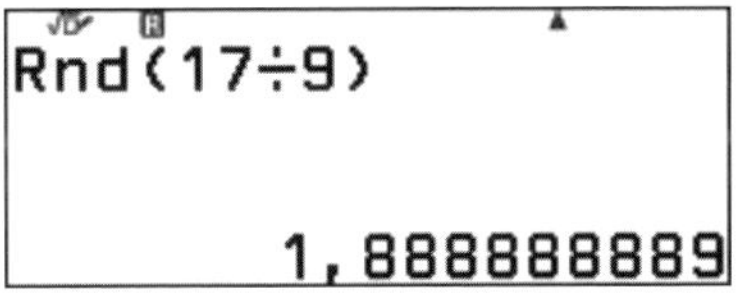

Für die Periodendarstellung oder Bruchdarstellung des Ergebnisses von 17:9 muss man diese über Format genau auswählen, z. B.

- Periodendarstellung
- Gemischter Bruch

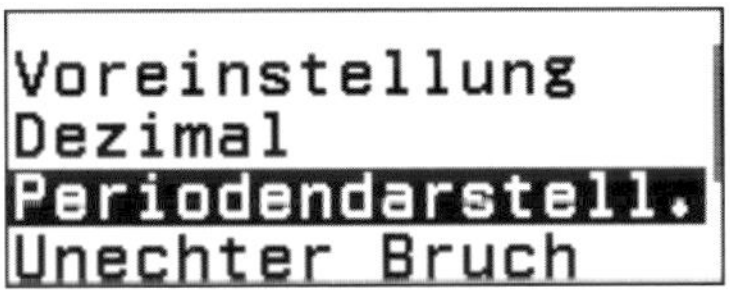

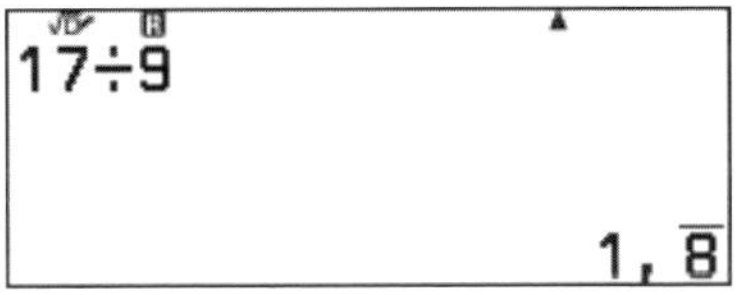

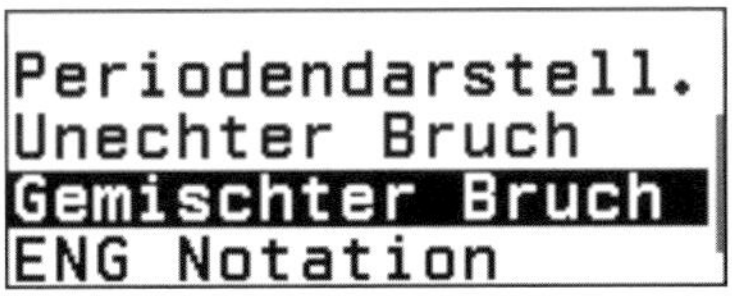

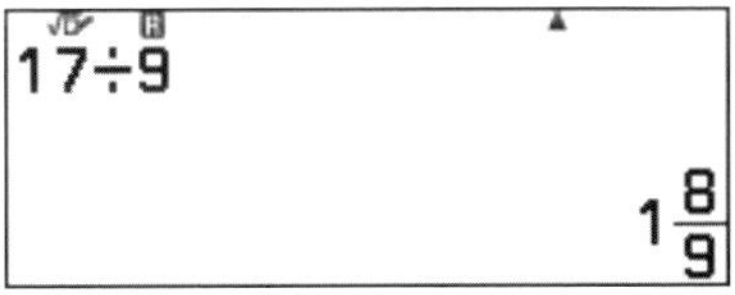

Internes Runden RndFix( )

Mit der Funktion **Internes Runden** können wir die Anzahl der

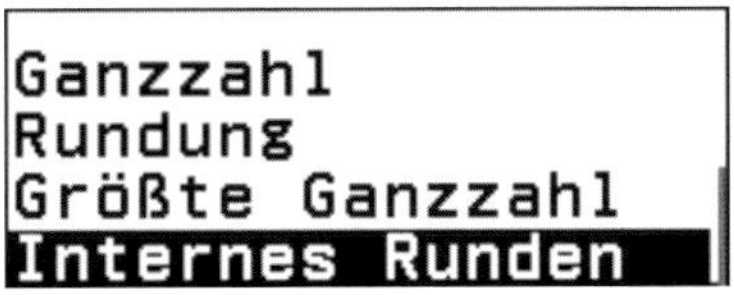

Stellen hinter dem Semikolon angeben, auf die gerundet werden soll.

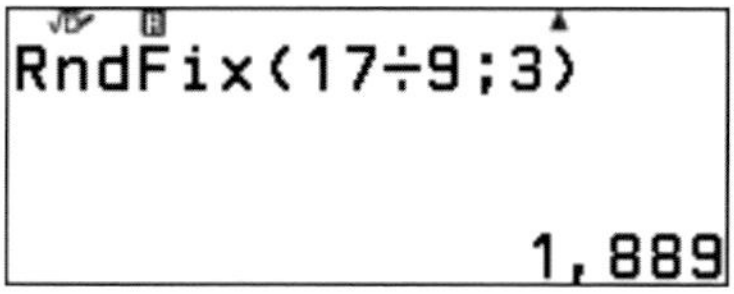

Achte bei der Eingabe auf das Semikolon!

3 QR-Code Funktion

Allgemeine Funktionsweise

Mit Hilfe des QR-Code Generators (über **SHIFT** (⬆) + (x)) können grafische Darstellungen auf einem Smartphone oder Tablet-Computer dargestellt werden.

Nicht bei jeder Berechnung macht die Anwendung des QR-Generators Sinn. Daher werden wir in den verschiedenen Kapiteln auf diese Funktion hinweisen, wenn sie nützlich erscheint.

Beispiele für QR-Codes zum selbst ausprobieren

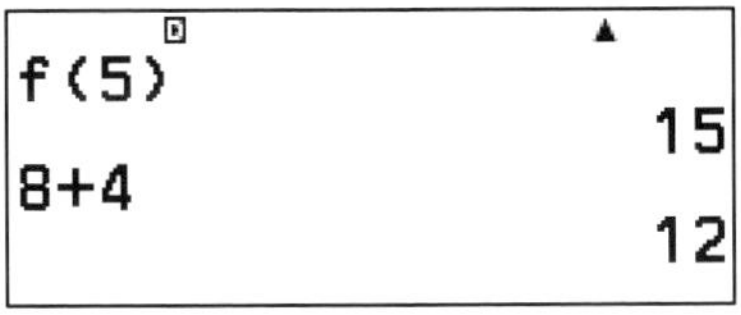

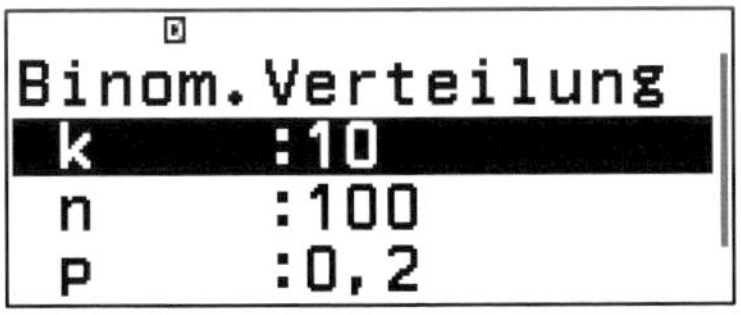

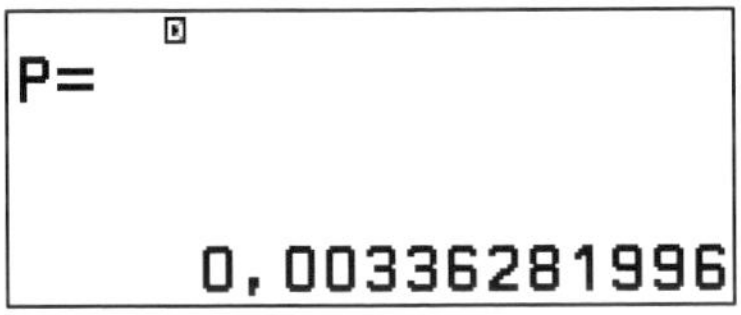

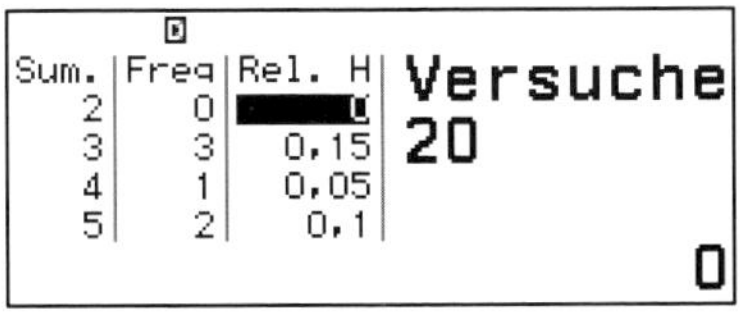

4 Wertetabellen

Unter dem Hauptmenüpunkt **Wertetabellen** können wir Wertetabellen für bis zu zwei Funktionen erstellen. Diese können bereits vorab über die Taste **FUNCTION** (f(x)) festgelegt werden oder erst beim Aufruf der Funktion Wertetabelle.

Sind noch keine Funktionen festgelegt, erscheint in der Anzeige noch der Text: **f(x) / g(x): Keine**.

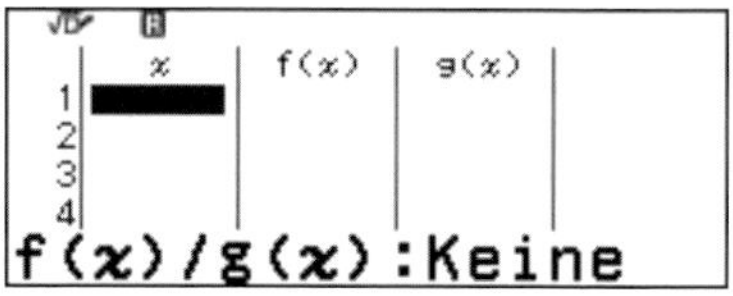

In der Anwendung **Wertetabelle** liefert die Taste **TOOLS** (ooo) besondere weitere Einstellmöglichkeiten, insbesondere da die Wertetabelle beim erstmaligen Aufruf leer ist!

Einstellungen auf der ersten Seite bei Drücken der Taste **TOOLS** (ooo).

Auf der zweiten Seite nur noch der Eintrag „**Neu berechnen**“

Tabellenbereich

Definition des x-Bereichs mit:

- Startwert
- Endwert
- Schrittweite (Inkrement)

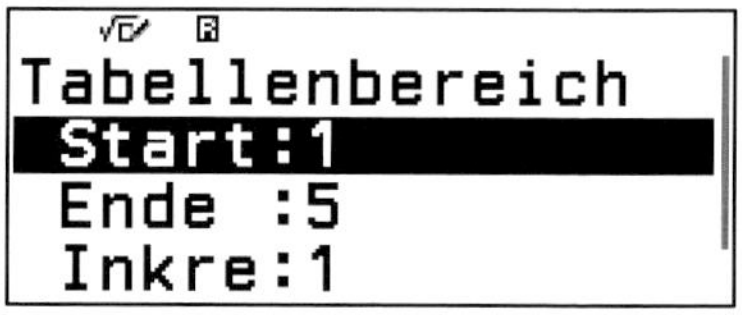

f(x)/g(x) defin.

Hier werden die Funktionsterme hinterlegt.

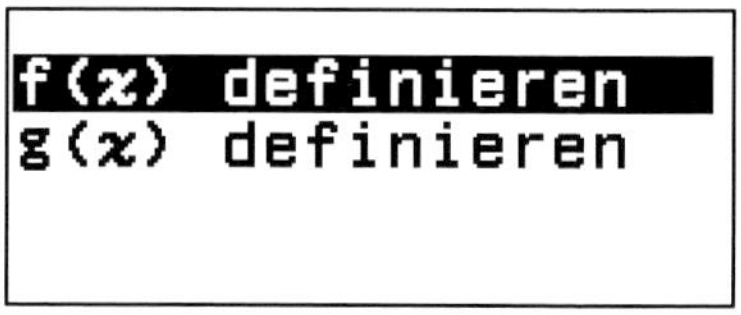

Tabellentyp

Auswahl der Anzeige:

- beide Funktionen
- nur eine von beiden

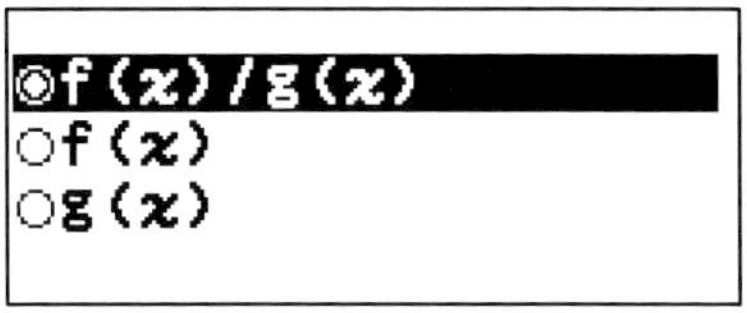

Editieren

- Zeile einfügen
- Alles löschen

Neu berechnen Aktualisiert direkt die Tabellen.

Beispiel einer Wertetabelle für eine Funktion

Wir wollen eine Wertetabelle für die Funktion $f(x) = x^3 - x$ im Wertebereich von x = -2 bis 2 und einer Schrittweite von 0,1 erstellen. Dadurch ergeben sich 41 Zeilen!

Achtung!

Bei der Auswahl **nur einer Funktion** über **TOOLS** (⋯) / **Tabellentyp** können **45 Zeilen** angezeigt werden. Bei zwei Funktionen können nur 30 Zeilen angezeigt werden!

Wir definieren zunächst die Funktion unter **f(x)/g(x) defin.**:

$$f(x) = x^3 - x$$

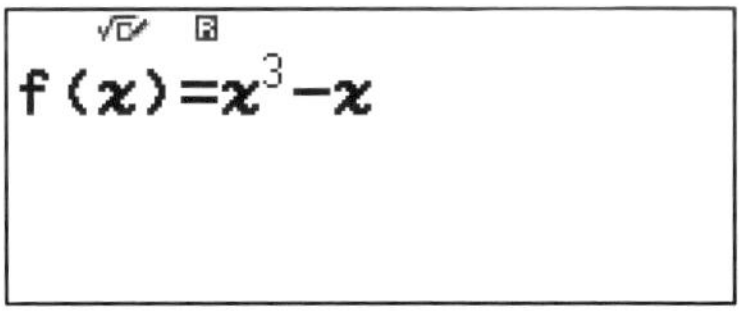

Unter **Tabellentyp** wählen wir nur: $f(x)$

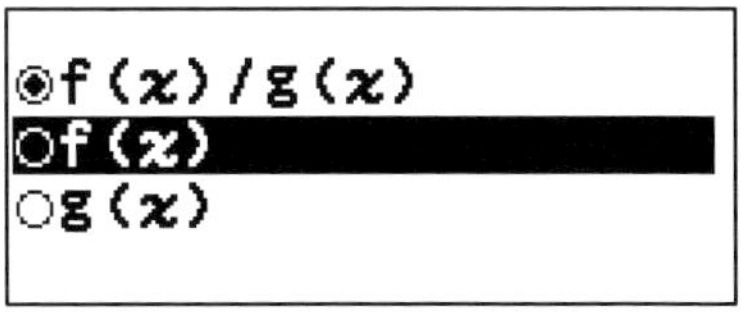

Wir legen den **Tabellenbereich** fest:

- Start: -2
- Ende: 2
- Inkrement: 0,1

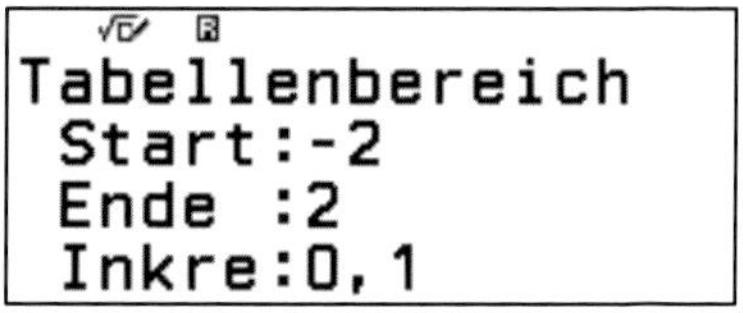

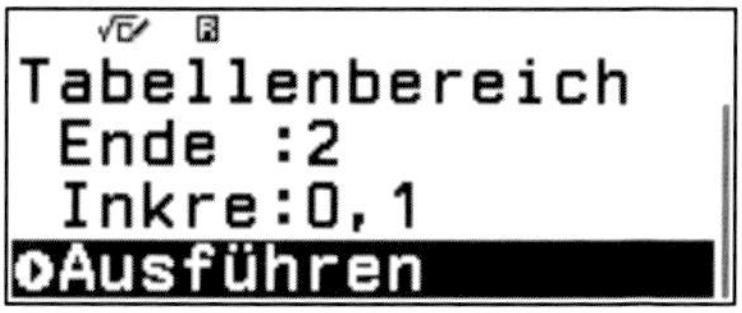

Wir blättern durch die Tabelle und erkennen lokale Minima, Maxima sowie Nullstellen:

- Maximum bei: -0,6
- Nullstelle bei: 0
- Minimum bei: 0,6

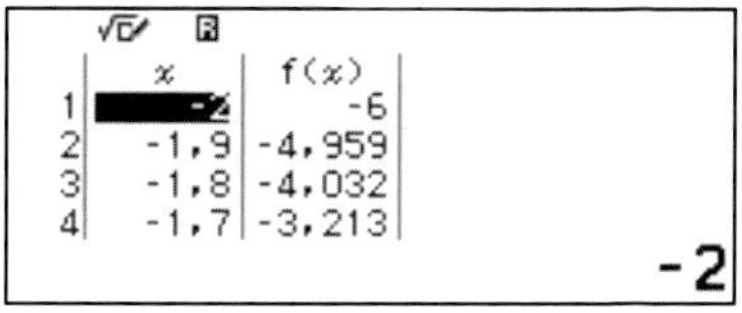

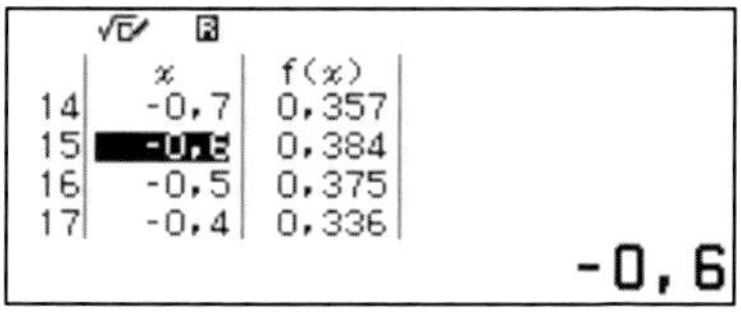

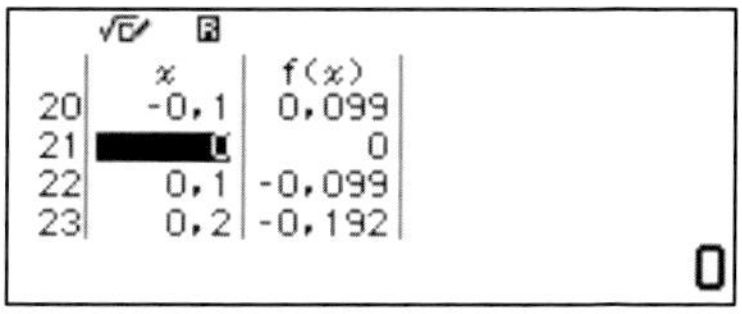

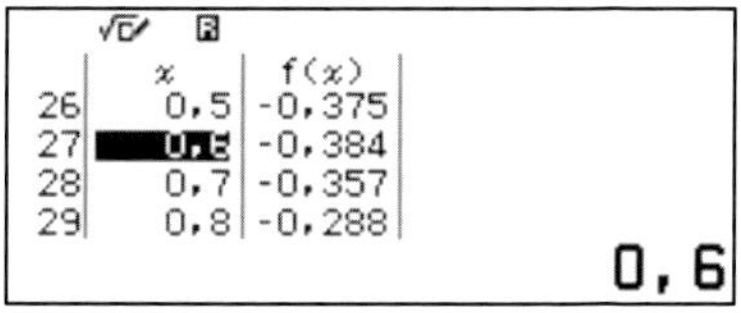

Wertetabelle grafisch darstellen

Wertetabellen können sehr gut über die QR-Code Funktion veranschaulicht werden. Liegt eine Funktion zugrunde, wird der Graph der Funktion auch im angegebenen Bereich ganz dargestellt und nicht nur die zu erwartenden Punkte der Wertetabelle!

Wir visualisieren die Wertetabelle aus dem Beispiel mit einem QR-Code, den wir mit einem Smartphone oder Tablet-Computer einscannen.

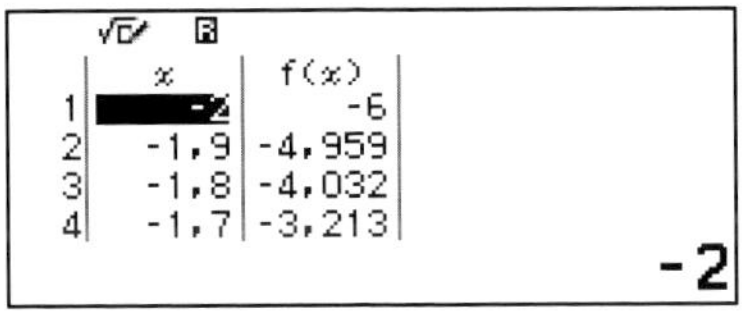

QR-Code: SHIFT ⇧ + x (x)

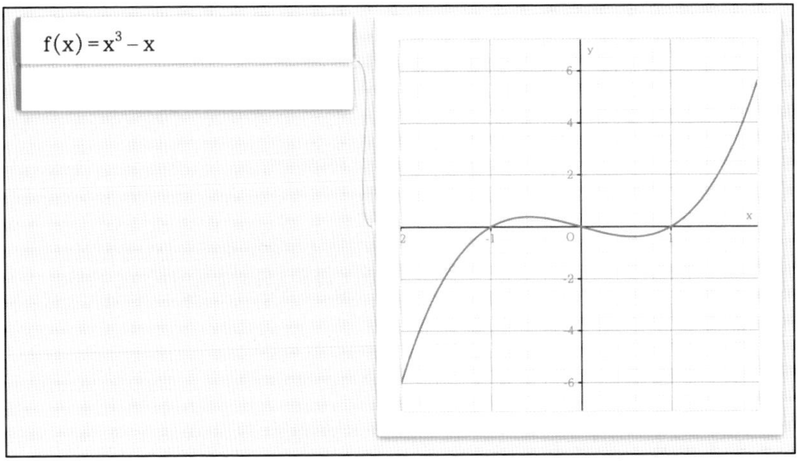

Visualisierung der Wertetabelle mit QR-Code

5 Statistik - Wahrscheinlichkeitsrechnung

NUR CASIO fx-82/85DE CW

5.1 Stichproben / Mittelwert / Standardabweichung

Wir wählen im Hauptmenü HOME **Statistik** aus. Zur Eingabe einer Liste von einzelnen Werten wählen wir **1-Variable** aus.

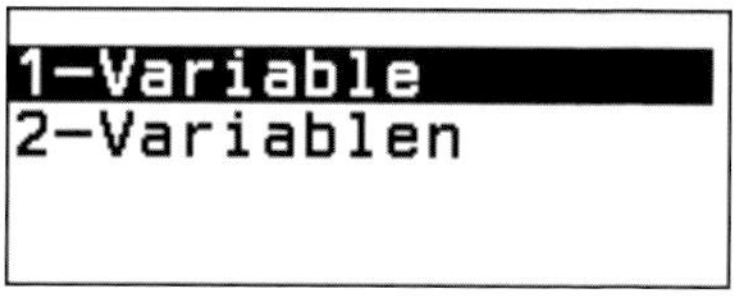

Bei Zufallsgrößen mit einer bestimmten Wahrscheinlichkeit je Wert müssen wir im Setup noch die Häufigkeit einstellen, siehe nächstes Kapitel.

Wir geben die folgenden neun Werte ein:

30, 29, 31, 33, 29, 30, 30, 32, 29

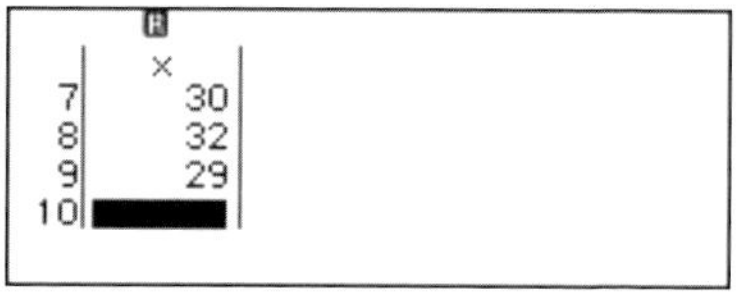

Anschließend wollen wir die statistischen Kenngrößen berechnen. Die Eingabe in der Tabelle schließen wir ab, indem wir den letzten Wert leer lassen und die **EXE** (EXE) Taste drücken.

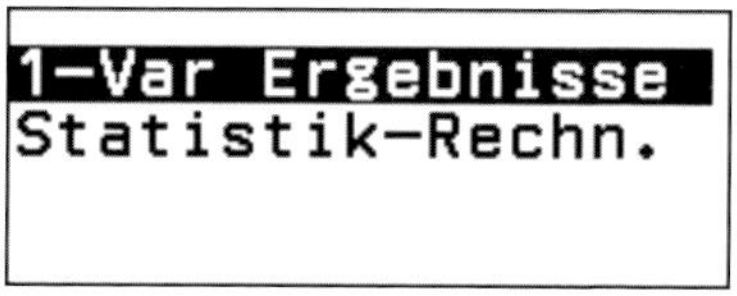

Mit **1-Var Ergebnisse** erhalten wir viele statistische Kenngrößen:

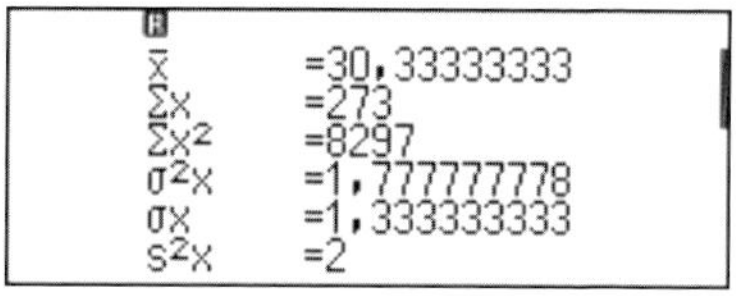

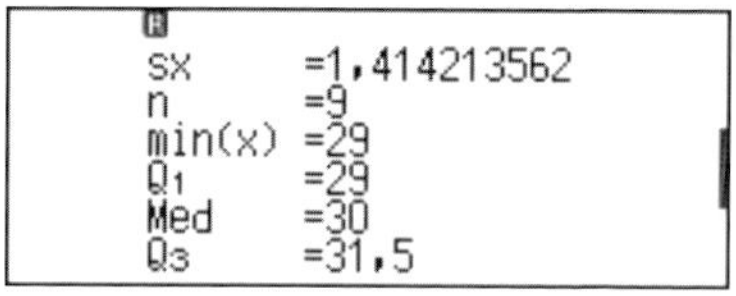

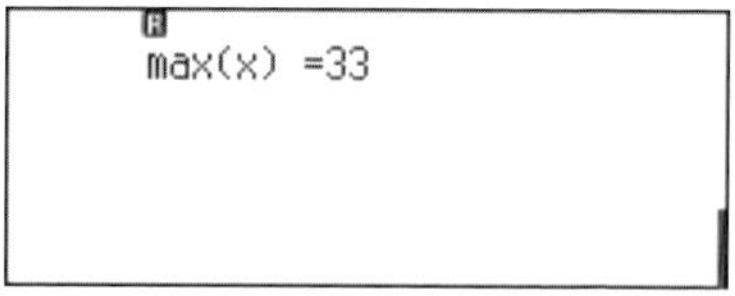

Mittelwert:	$\bar{x} = 30{,}33..$
Summe aller Werte:	$\sum x = 273$
Varianz:	$\sigma^2 x = 1{,}77..$
Standardabweichung:	$\sigma x = 1{,}33..$

Mit der Pfeiltaste kann man nach unten blättern, um weitere statistische Werte zu erhalten.

5.2 Relative Häufigkeiten / Wahrscheinlichkeitsverteilung

5.2.1 Einstellungen über TOOLS

Befinden wir uns bereits in der Tabelle zur Eingabe der einzelnen Werte, drücken wir die Taste **TOOLS,** um die Option zur Häufigkeit einzustellen.

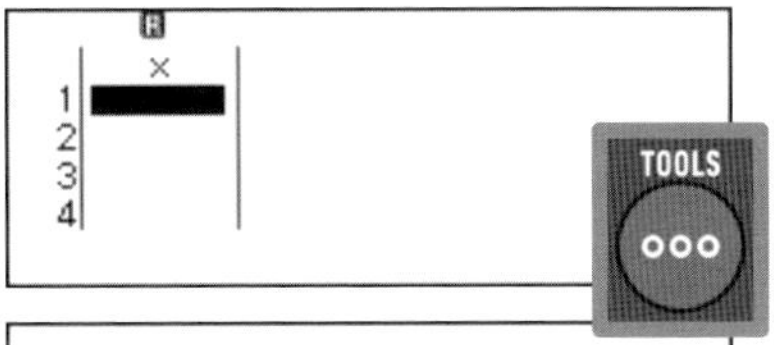

Wir wählen **Häufigkeit** aus und schalten diese **Ein**.

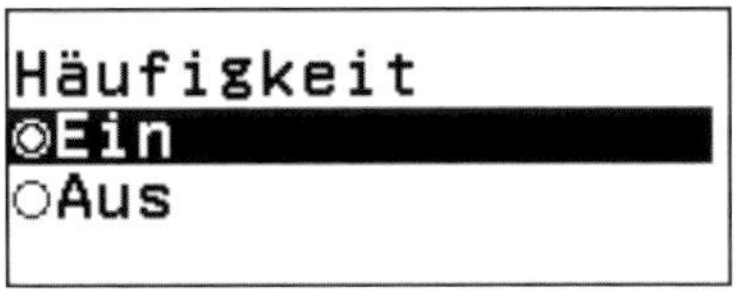

Mit der Taste **AC** gelangen wir in die Tabelle zurück, in welcher jetzt die zusätzliche Spalte **Freq** erscheint.

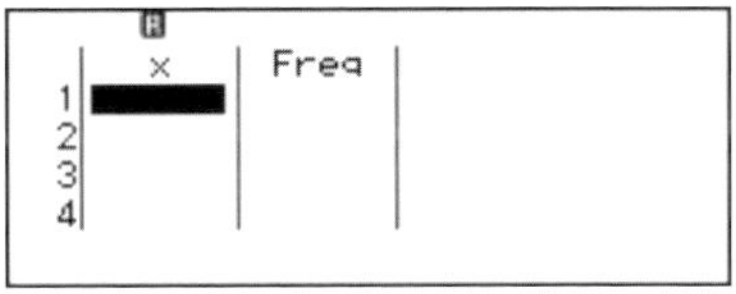

5.2.2 Eine Aufgabe mit Zufallsgrößen

Die Zufallsgröße X gibt den Gewinn in Euro bei einem Glücksspiel mit einem Einsatz von 1,00 € an. In der Tabelle ist die Wahrscheinlichkeitsverteilung dargestellt.

Gewinn	-1	0	1	4
P(X)	0,6	0,2	0,15	0,05

Wir berechnen den Erwartungswert und die Standardabweichung.

Dazu starten wir wieder mit **Statistik** im Hauptmenü und wählen **1-Variable**.

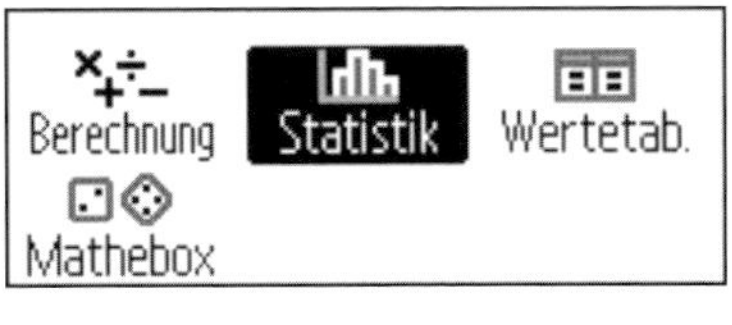

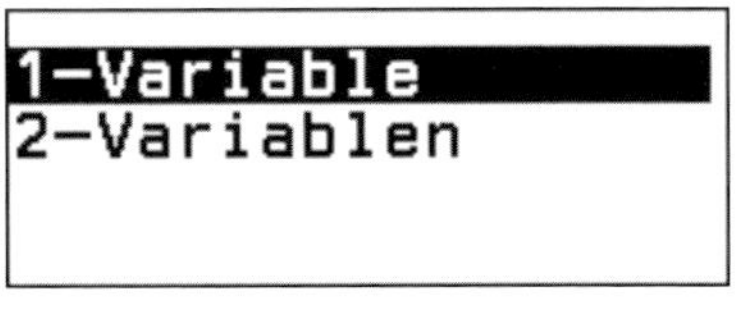

Wir geben die Werte mit den Häufigkeiten in die Tabelle ein. Die Eingabe schließen wir mit der Taste **EXE** (EXE) ab und wählen **1-Var Ergebnisse** für die Anzeige der Kenngrößen.

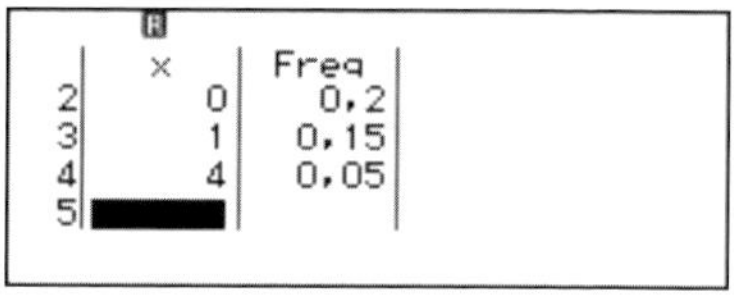

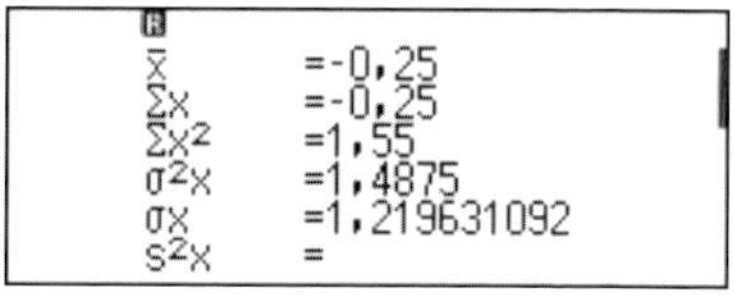

6 Verteilungsfunktionen – Verteilung

NUR CASIO fx-810DE CW

Hinter dem Hauptmenüpunkt **Verteilung** verbergen sich Funktionen zu Wahrscheinlichkeitsverteilungen.

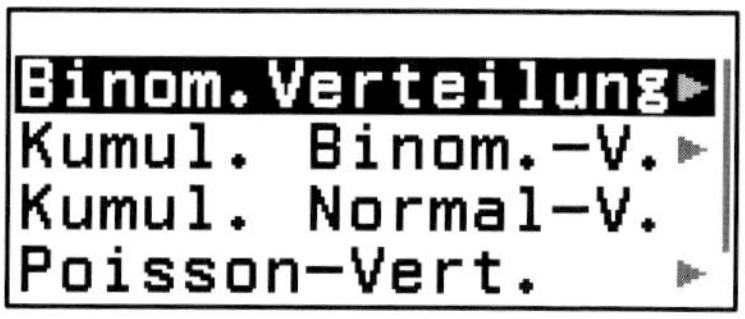

- **Binomialverteilung**
- **Normalverteilung**
- **Poissonverteilung**

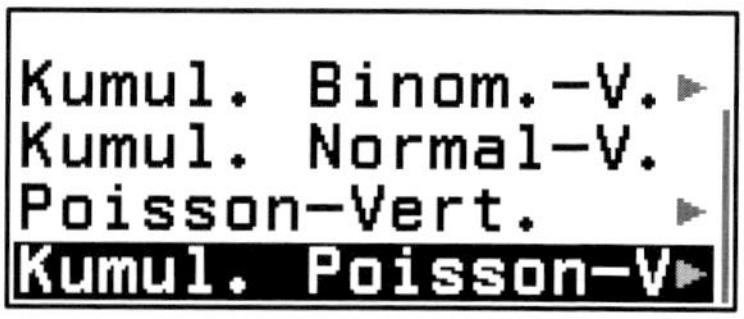

6.1 Binomialverteilung

Ein mehrstufiges **Bernoulli-Experiment** ist ein Experiment, bei dem je Stufe nur zwei Zustände möglich sind: WAHR oder FALSCH. Zum Beispiel prüft die Qualitätssicherung bei der Produktion stichprobenartig Werkstücke. Diese können fehlerhaft oder einwandfrei sein. Bei mehrfacher Prüfung beschreibt **die Binomialverteilung** die Wahrscheinlichkeitsverteilung eines solchen Bernoulli-Experiments.

Ist ein Werkstück bei einer einzelnen Prüfung mit $\mathrm{p} = 0{,}1\ \%$ Wahrscheinlichkeit defekt und wird die Prüfung $n = 100$-mal durchgeführt, so gilt für die Wahrscheinlichkeit P, genau k Treffer (hier defekte Werkstücke) zu finden:

$$P(k) = \binom{n}{k} p^k \cdot (1-p)^{n-k}$$

Beispielaufgabe

Von einer Lieferung Bücher aus der Druckerei sind 2 % fehlerhaft. Es werden 10 Bücher geprüft. Wie groß ist die Wahrscheinlichkeit, dass

- genau 2 Bücher fehlerhaft sind?
- mindestens 3 Bücher fehlerhaft sind?

Die Parameter für die Binomialverteilung lauten:

$p = 2\,\% = 0{,}02$ und $n = 10$

Genau 2 Bücher sind fehlerhaft: $k = 2$.

Wir wählen

- Binomialverteilung
- Einzelwert
- Geben die Parameter k, n, p ein.
- Wählen **Ausführen**

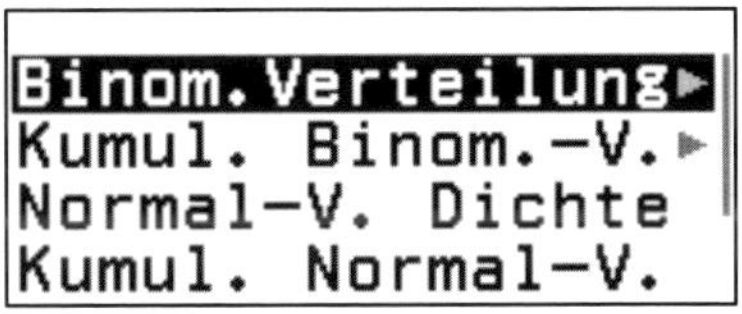

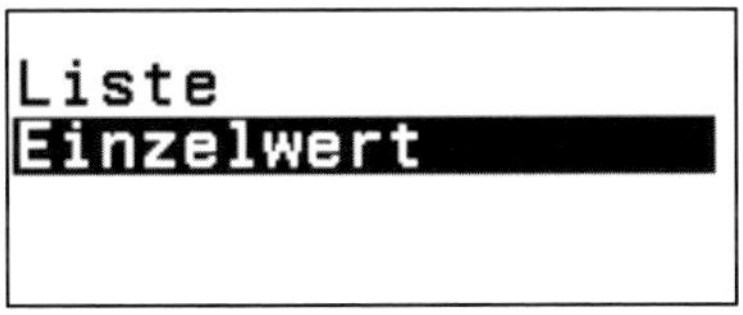

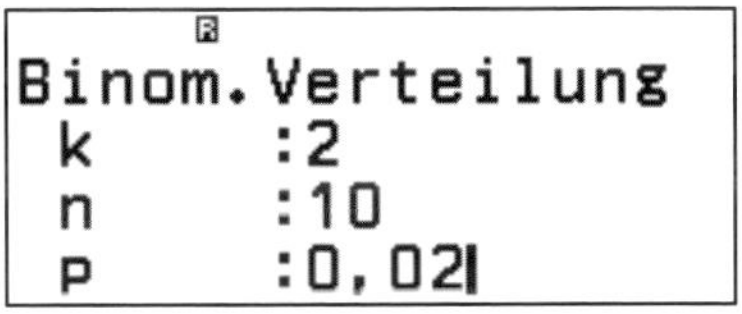

Als Wahrscheinlichkeit erhalten wir

$$p = 0{,}0153 = 1{,}53\,\%$$

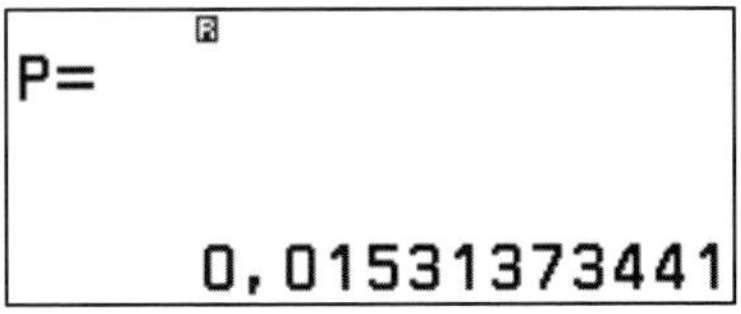

Mindestens 3 Bücher sind fehlerhaft ist das Gegenereignis zu „0, 1 oder 2 Bücher sind fehlerhaft“. Dies ist eine **kumulierte Wahrscheinlichkeit**!

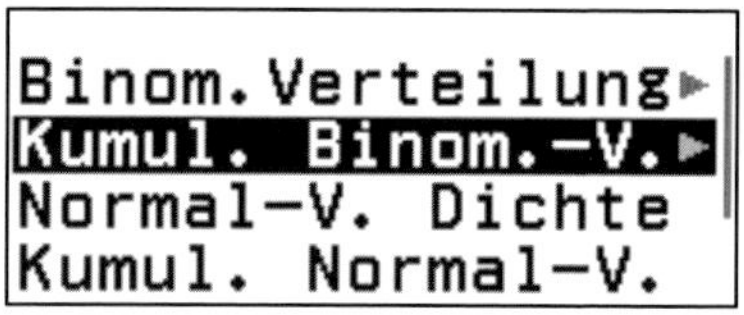

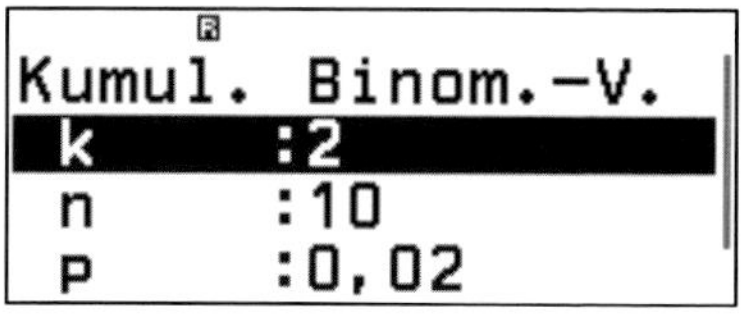

Die Wahrscheinlichkeit, dass mindestens 3 Bücher fehlerhaft sind beträgt:

$$1 - 0{,}999 = 0{,}001 = 0{,}1\%$$

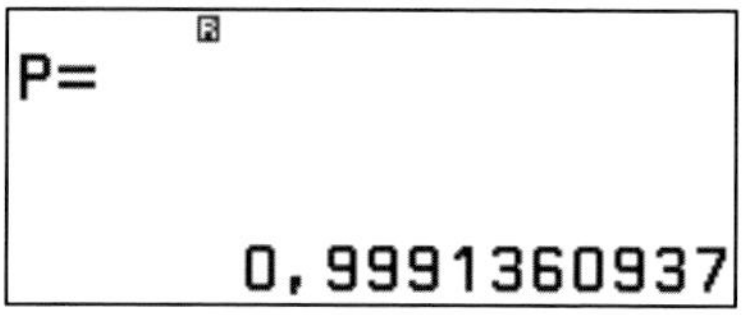

6.2 Verteilungen grafisch darstellen

Wahrscheinlichkeitsverteilungen können anschaulich über die QR-Code Funktion dargestellt werden. Probiere die Beispielrechnungen selbst aus!

Beispiel 1:

Beispiel 2:

7 Mathebox

NUR CASIO fx-82/85DE CW

Hinter dem Begriff **Mathebox** verbergen sich unter anderem Funktionen zur Wahrscheinlichkeitsrechnung. Hier kann man **Würfel- oder Münzwürfe** simulieren sowie Beispiele zu **Zahlengerade** oder **Kreis** darstellen.

7.1 Würfelwurf

Wir wählen über das **Hauptmenü (HOME** ⌂**) Mathebox** und dann den **Würfelwurf** aus.

Um die Optionen „Anzahl Würfel" und „Anzahl Versuche" einzustellen, muss man mit **EXE** (EXE) jeweils in ein weiteres Auswahlmenü verzweigen.

Auswahl Anzahl Würfel

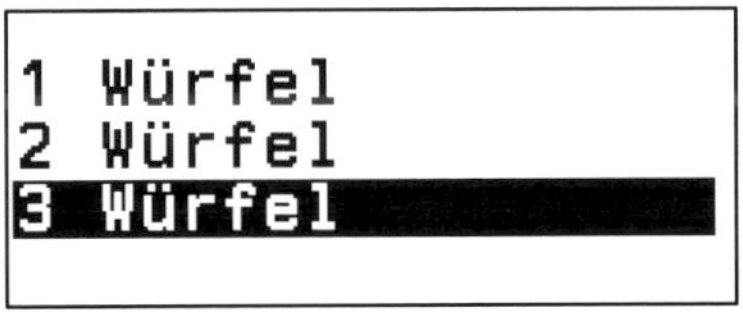

maximal 3 Würfel

Auswahl Anzahl Versuche

maximal 250 Versuche

Nach dem Klick auf **Ausführen** erscheint die Abfrage nach **Liste** / **Rel. Häufigkeit**.

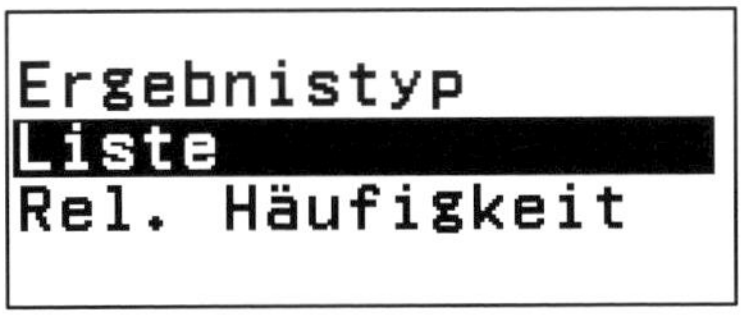

Liste

In der Liste erscheinen alle Ergebnisse der zufälligen Würfe (jeweilige Augenzahl in den Spalten A, B, C für die 3 gewählten Würfel). Zusätzlich wird eine Spalte mit der Summe der Augenzahlen angezeigt.

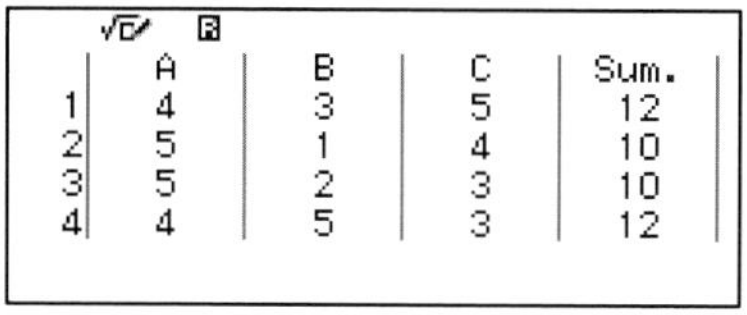

erster Aufruf

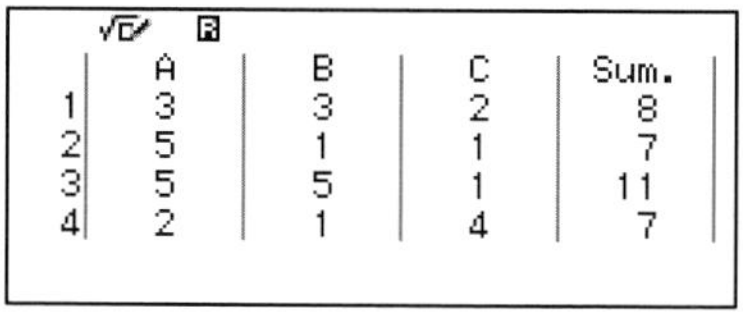

nochmaliger Aufruf

Relative Häufigkeit

Zur Bestimmung der relativen Häufigkeit sollte man eine höhere Anzahl von Versuchen wählen. Wir wählen jetzt 200 Versuche.

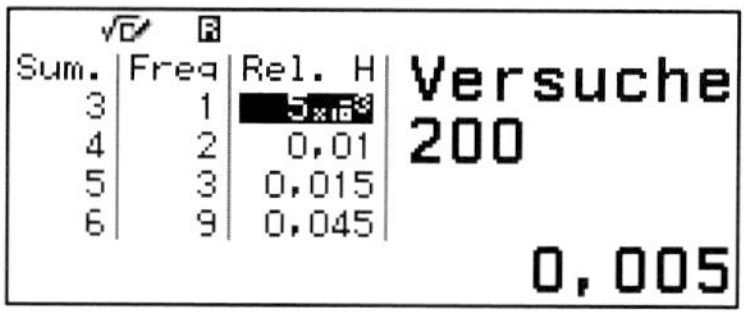

Die relative Häufigkeit bezieht sich auf die Summe der Augenzahlen, die bei unserem Experiment mit 3 Würfeln auftreten kann.

Wir blättern durch die Liste und erkennen, dass bei unserem Experiment die **Augensumme 10** die höchste **relative Häufigkeit von 0,145** = 14,5 % hat und bei 200 Versuchen insgesamt 29-Mal aufgetreten ist.

Ein solches Ergebnis kann sehr anschaulich über den QR-Code mit einem Smartphone, Tablet Computer oder am PC abgerufen werden.

QR-Code = SHIFT (⇧) + x (x) .

Anzeige im Display
(Scanne den Code rechts ->)

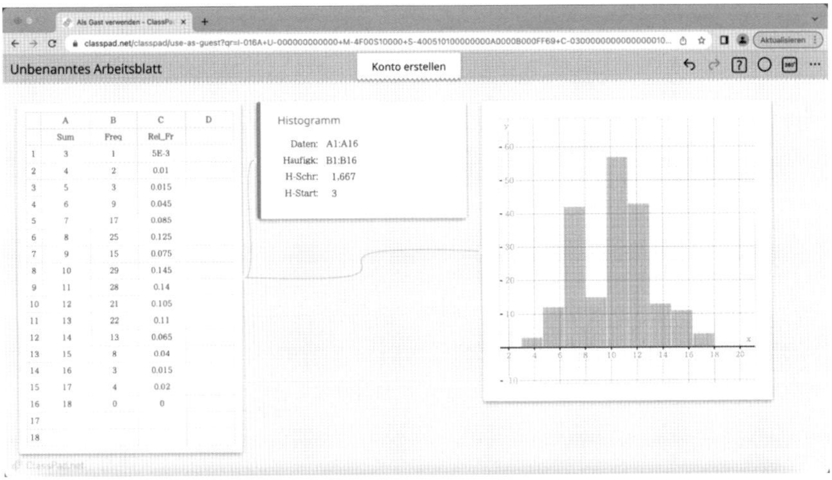

Aufruf des QR-Code Links im Browser eines PCs.

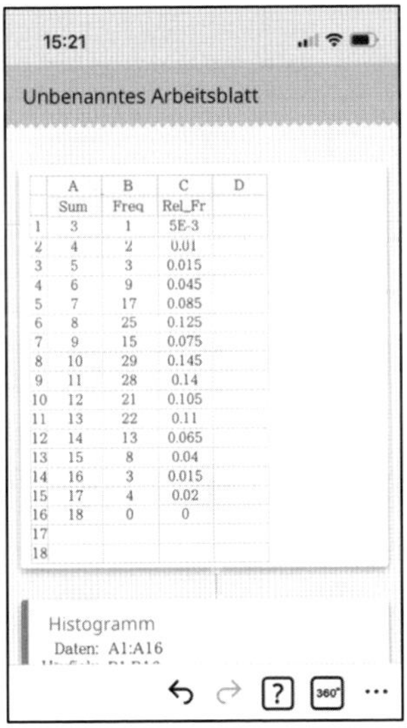

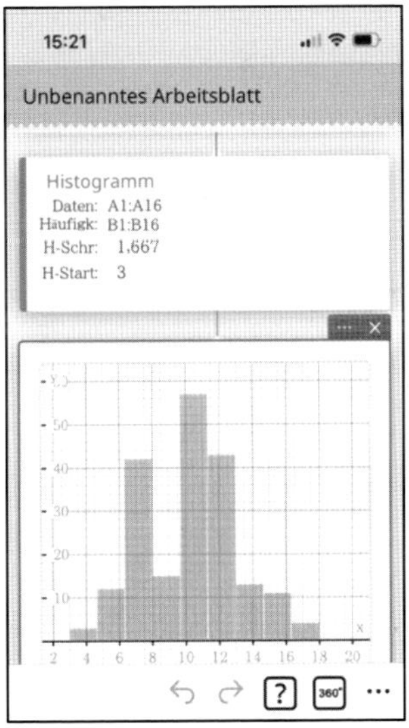

Aufruf des QR-Codes mit einem Smartphone

7.2 Münzwurf

Wir wählen über das **Hauptmenü (HOME ⌂)** **Mathebox** und dann den **Münzwurf** aus. Anstelle von Kopf und Zahl werden im Rechner die Optionen „schwarz ●“ und „weiß ○“ als mögliche Seiten einer Münze angezeigt.

Um die Optionen **Anzahl Münzen** und **Anzahl Versuche** einzustellen, muss man mit **EXE** (EXE) jeweils in ein weiteres Auswahlmenü verzweigen.

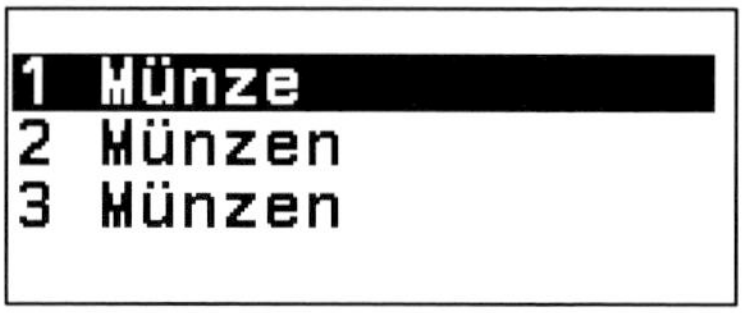

Auswahl Anzahl Münzen maximal 3 Münzen

Auswahl Anzahl Versuche

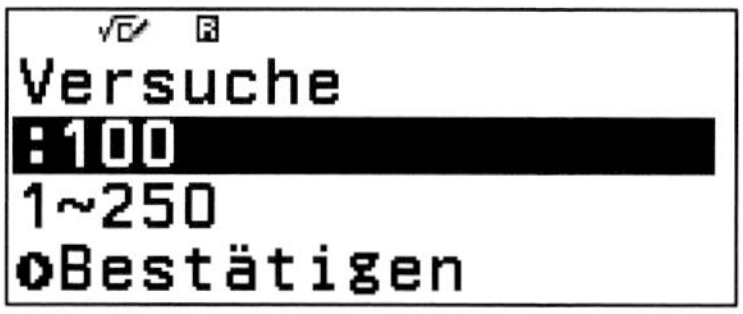

maximal 250 Versuche

Nach dem Klick auf **Ausführen** erscheint die Abfrage nach **Liste** / **Rel. Häufigkeit**.

Liste

In der Liste erscheinen die Ergebnisse der Münzwürfe in je einer Spalte je Münze. In einer zusätzliche Spalte wird die Summe der schwarzen Kreise ● für diese Seite der Münze angezeigt.

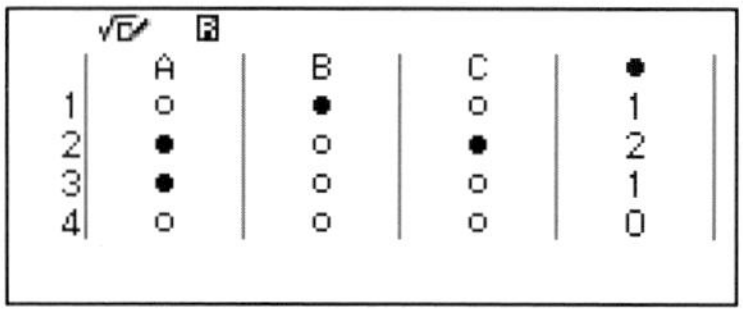

erster Aufruf

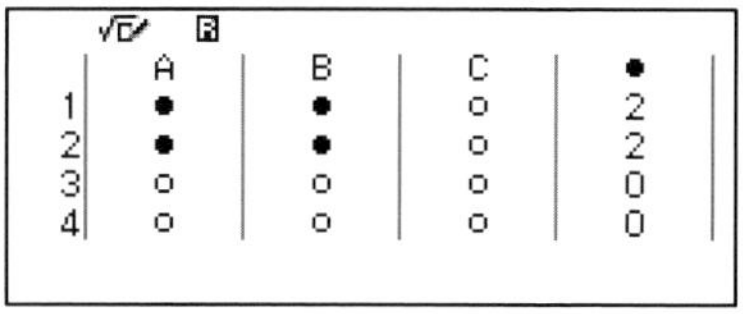

nochmaliger Aufruf

Relative Häufigkeit

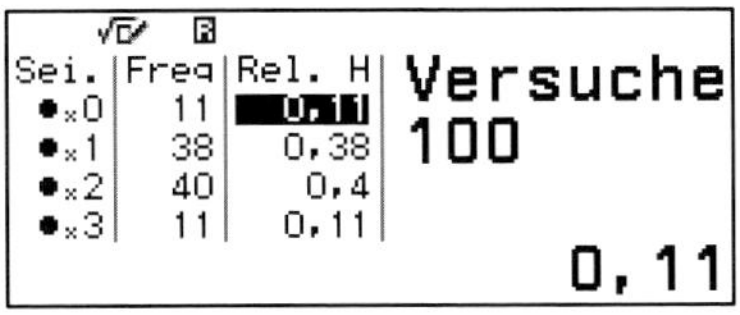

Die relative Häufigkeit bezieht sich darauf, wie oft schwarze Seite der Münze geworfen wurde.

Ein solches Ergebnis kann ebenso wie der Würfelwurf sehr anschaulich über den QR-Code mit einem Smartphone, Tablet Computer oder am PC abgerufen werden. **QR-Code** = (⬆) + (𝑥).

Anzeige im Display

(Scanne den Code rechts ->)

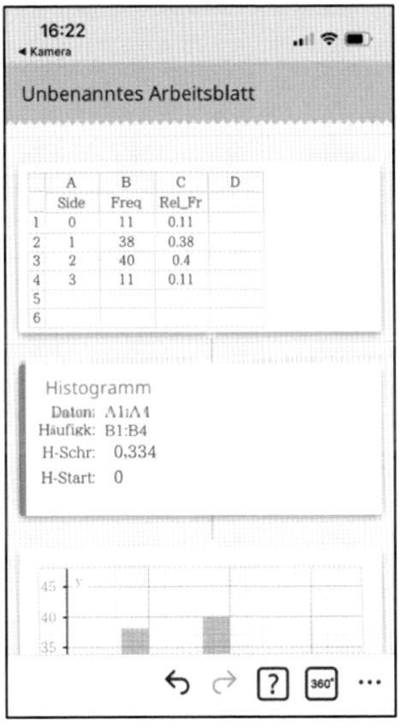

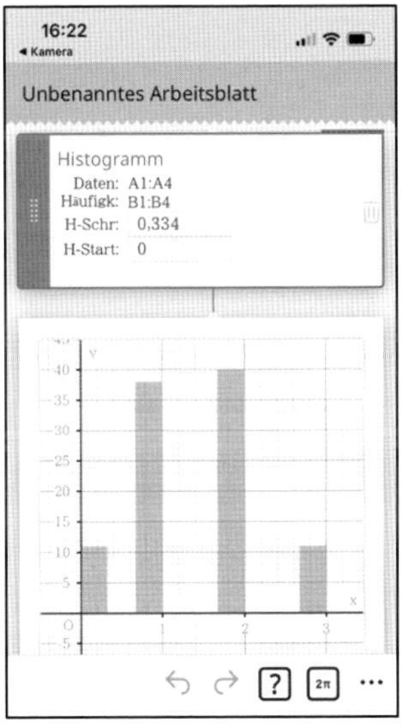

Aufruf des QR-Codes mit einem Smartphone

7.3 Zahlengerade

7.3.1 Bereiche auf einer Zahlengeraden definieren

Die Funktion Zahlengerade erlaubt es uns, bis zu drei verschiedene Intervalle auf einer Zahlengeraden darzustellen.

Hierbei gibt es für jedes Intervall die Option, eine oder zwei Zahlen als offene oder geschlossene Grenze einzugeben oder auch nur einen Punkt anzeigen zu lassen:

- $x < a$
- $x \leq a$
- $x = a$
- $x > a$
- $x \geq a$
- $a < x < b$
- $a \leq x < b$
- $a < x \leq b$
- $a \leq x \leq b$

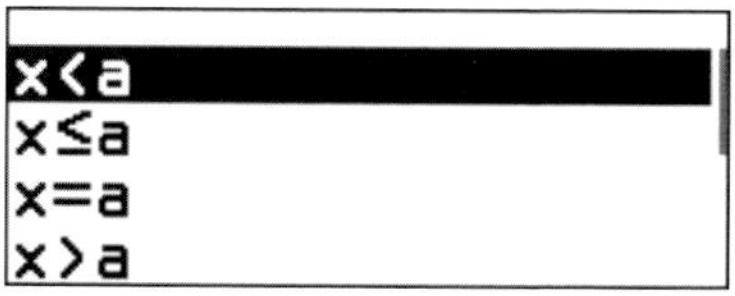

$a < x < b$

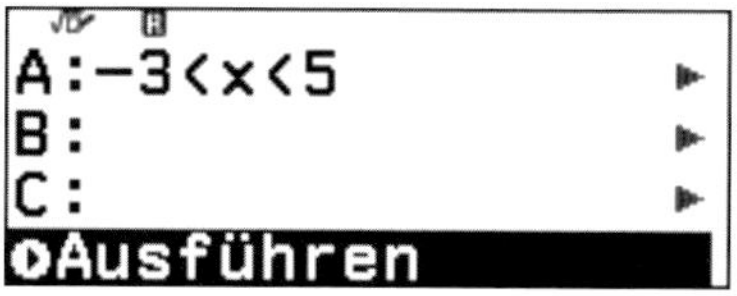

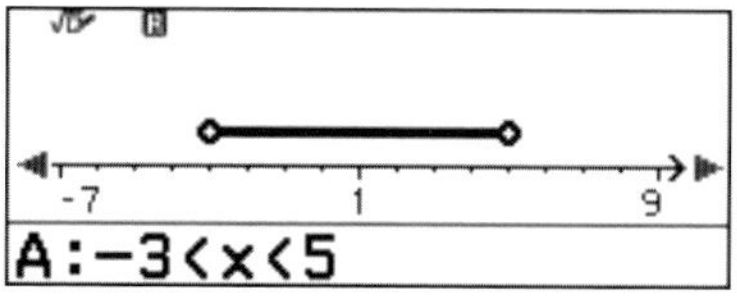

Offenes Intervall,
ohne die äußeren Grenzen
(offener Kreis an den Enden)

$a \leq x \leq b$

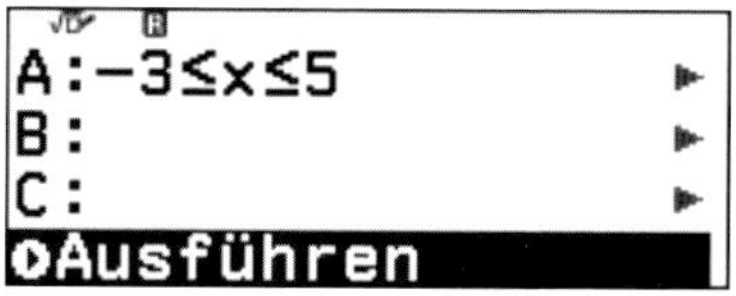

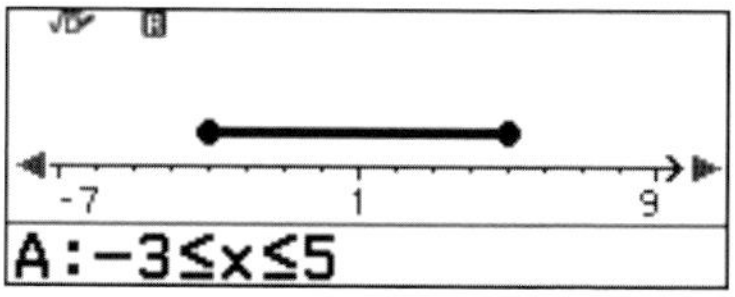

Geschlossenes Intervall
mit den äußeren Grenzen
(geschlossener Kreis an den Enden)

7.3.2 Zahlengerade skalieren

Wir können die Skalierung der Zahlengeraden anpassen. Hierzu drücken wir bei einer angezeigten Zahlengeraden die Taste **Tools** und wählen Einstellfenster.

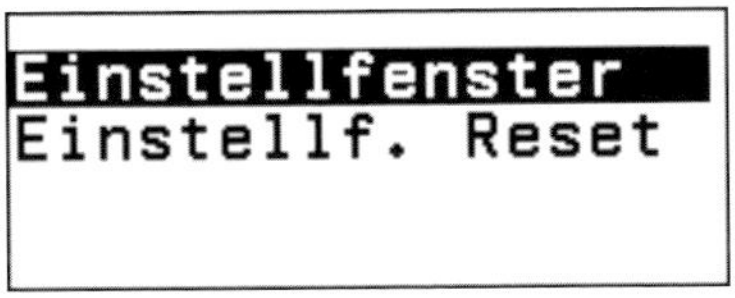

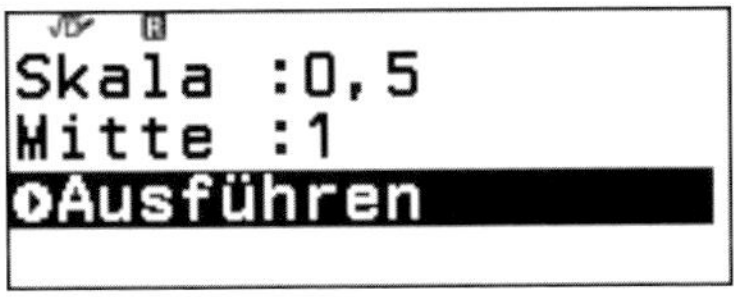

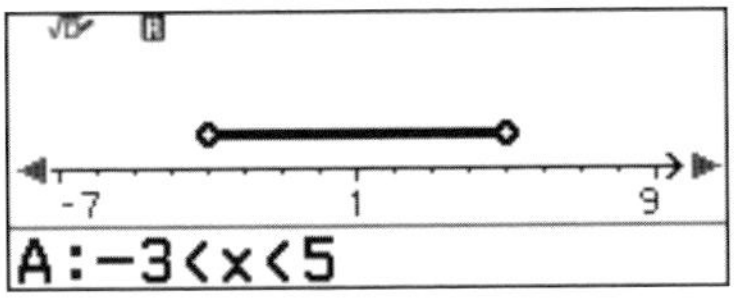

Skala: 1

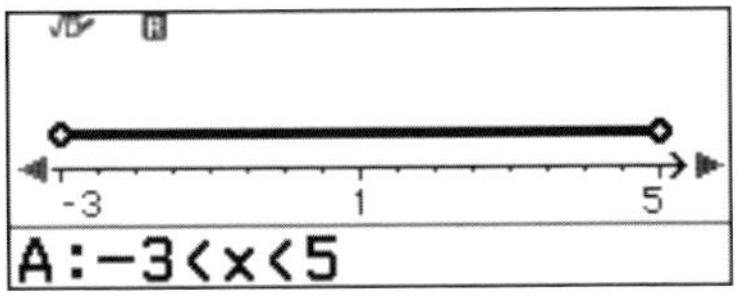

Skala: 0,5

7.3.3 Mehrere Zahlengeraden definieren

Wir können bis zu 3 (A, B, C) Bereiche auf einer Zahlengeraden definieren. Wenn wir diese festgelegt haben, wählen wir mit den Pfeiltasten zwischen den einzelnen Anzeigen.

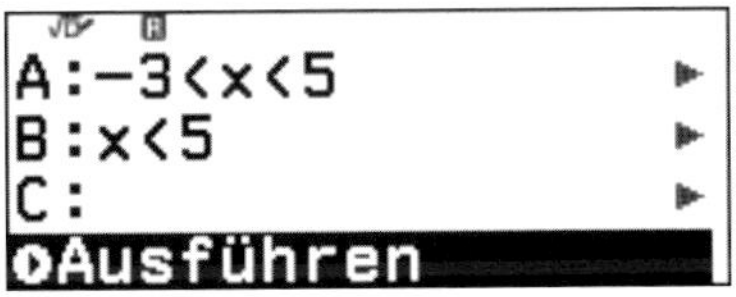

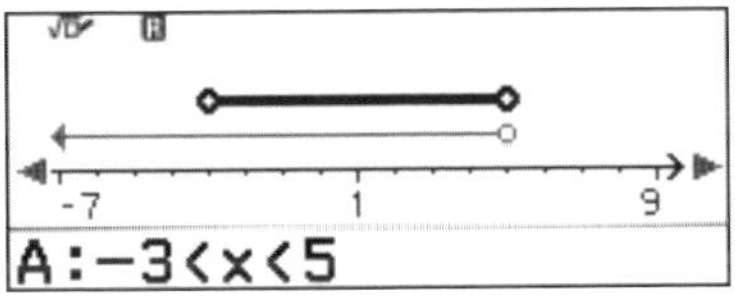

Aktiv: A: $-3 < x < 5$

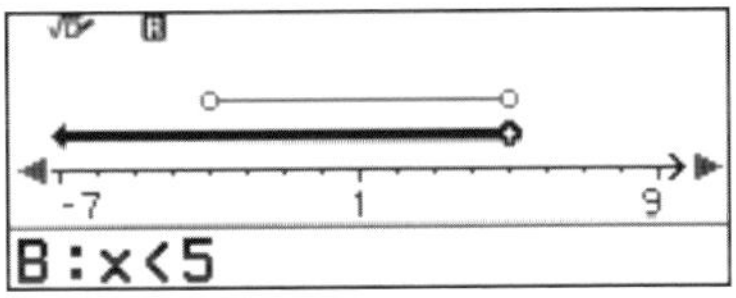

Aktiv: B: $x < 5$

Im angezeigten Beispiel sieht man beide Zahlenbereiche A und B, nur der aktive Bereich wird als dicker schwarzer Strich angezeigt!

7.4 Kreis

Mit der Funktion **Kreis** aus der **Mathebox** können wir uns Winkel sowie Sinus-, Kosinus- und Tangens-Werte am Kreis anschaulich darstellen lassen. Beim Eintrag **Uhr** werden die beiden Winkel zwischen Stunden und Minutenzeiger angezeigt. Allerdings kann nur die Uhrzeit voller Stunden eingestellt werden!

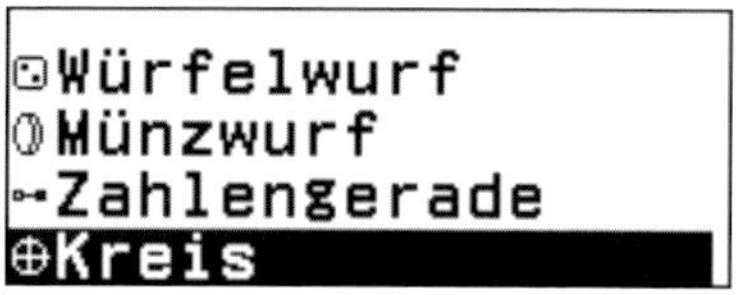

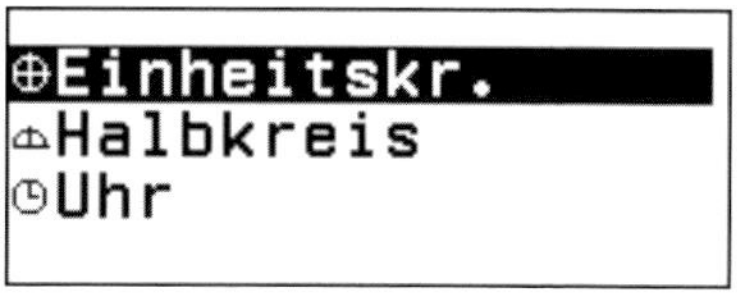

7.4.1 Einheitskreis – Sinus, Kosinus, Tangens

Im Einheitskreis können wir uns Sinus-, Kosinus- und Tangens-Werte anzeigen lassen. Wichtig ist hierbei die **Winkeleinstellung unter Settings**!

In den aufgeführten Beispielen lassen wir uns die Sinus-, Kosinus- und Tangens-Werte für die Winkel 45° und 120° im Gradmaß anzeigen, wenn zuvor sichergestellt ist, dass dieses Winkelmaß auch festgelegt wurde.

Mit den Pfeiltasten wechseln wir zwischen den beiden eingetragenen Werten.

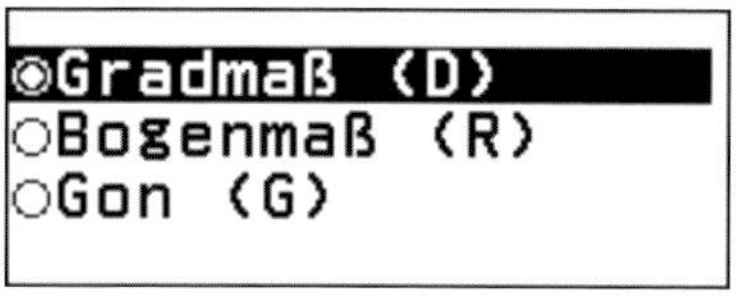

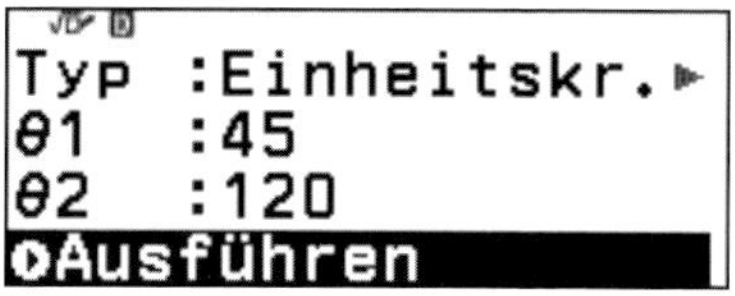

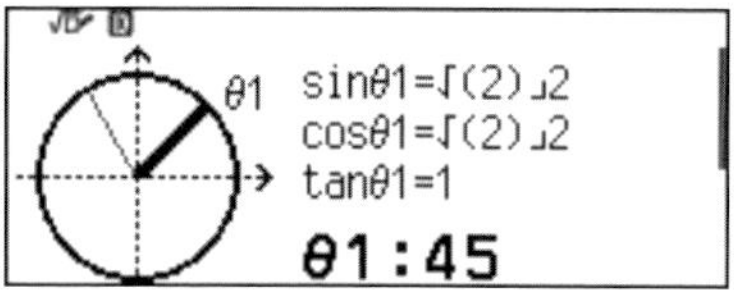

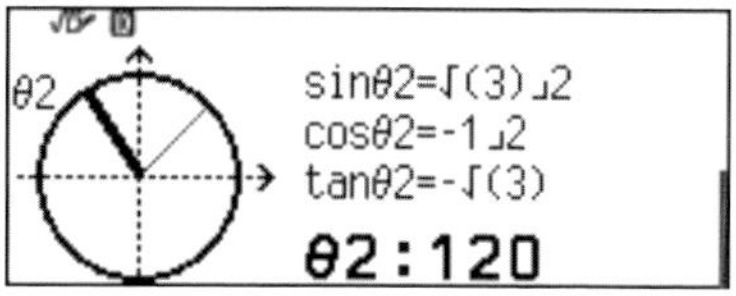

7.4.2 Halbkreis – Sinus, Kosinus, Tangens

Über die Funktion Halbkreis wird ähnlich zum Einheitskreis jetzt nur ein Halbkreis angezeigt.

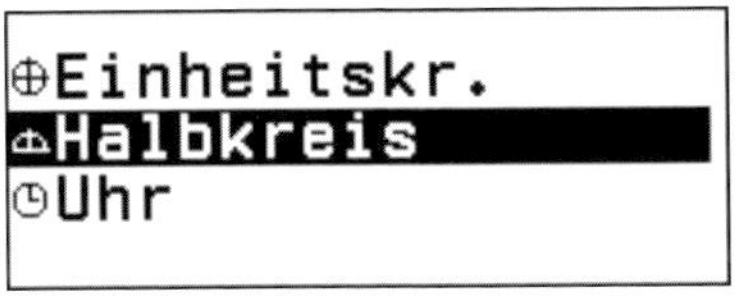

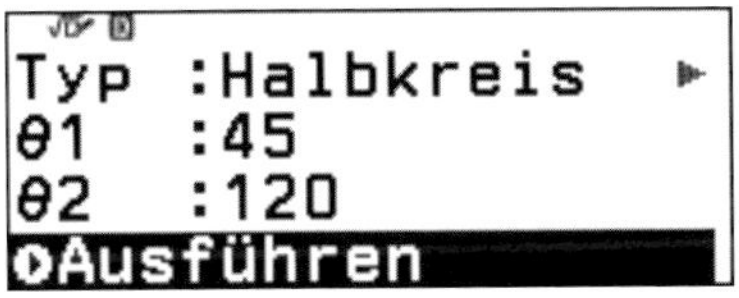

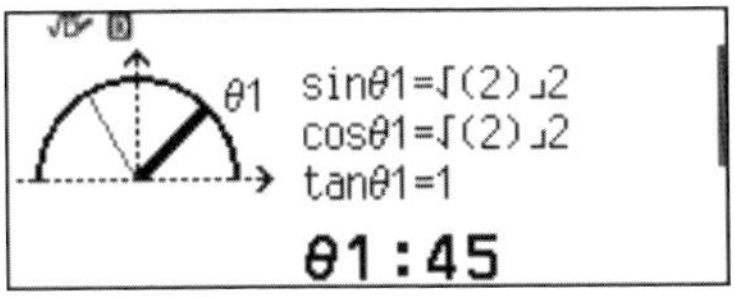

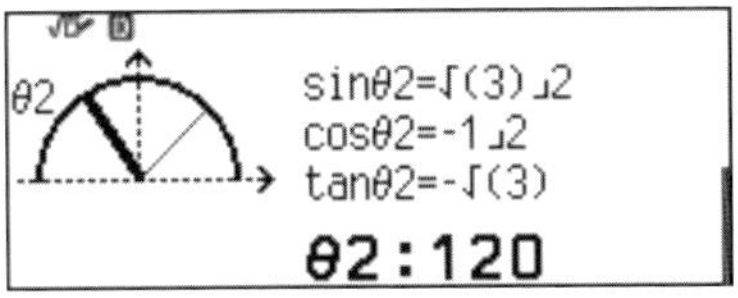

7.4.3 Uhr – Winkel zwischen den Zeigern

Bei der Funktion Uhr können wir mit den Pfeiltasten den Stundenzeiger bewegen und zu jeder vollen Stunde werden die beiden Winkel zwischen Stunden und Minutenzeiger angezeigt.

Auf diese Art und Weise kann man sich die Größe von Winkeln anhand einer Uhr gut einprägen.

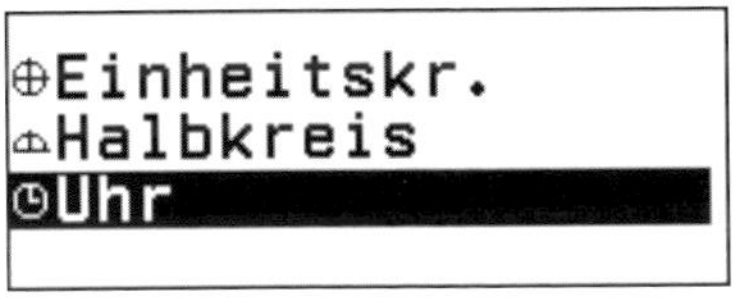

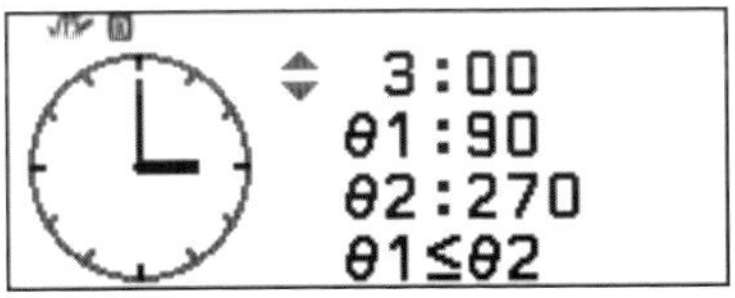

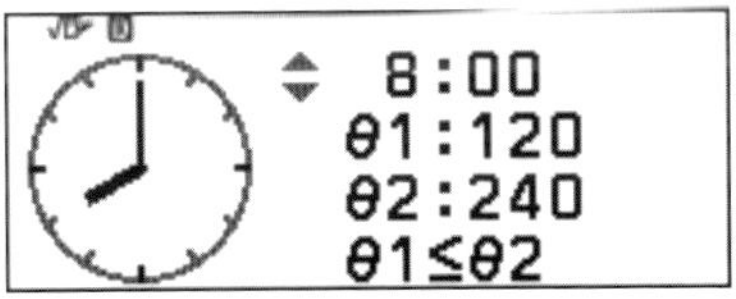

8 Wissenschaftliche Konstanten

NUR CASIO fx-810DE CW

Der Taschenrechner CASIO fx-810DE CW hält 47 wissenschaftliche Konstanten bereit, die in Rechenausdrücke eingebaut werden können. Rechenausdrücke mit Konstanten geben wir im Hauptmenü unter dem Punkt **Berechnung** ein. Nur in diesem Menü gelangen wir zu Konstanten über die **CATALOG** Taste.

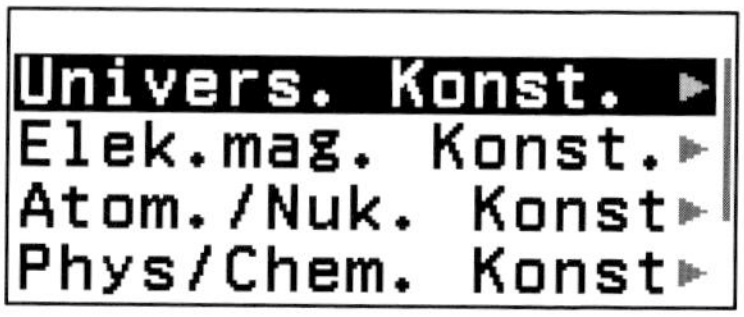

Die Konstanten sind unter den folgenden Kategorien zusammengefasst:

Kategorie	**Wissenschaftliche Konstanten**
Univers. Konst.	$h, \hbar, c, \varepsilon_0, \mu_0, Z_0, G, l_P, t_P$
Elek.mag. Konst.	$\mu_N, \mu_B, e, \Phi_0, G_0, K_J, R_K$
Atom./Nuk. Konst	$m_p, m_n, m_e, m_\mu, a_0, \alpha, r_e, \lambda_C, \gamma_p, \lambda_{Cp}, \lambda_{Cn}, R_\infty, \mu_p, \mu_e, \mu_n, \mu_\mu, m_\tau$
Phys./Chem. Konst	$m_u, F, N_A, k, V_m, R, c_1, c_2, \sigma$
Übernomm. Werte	$g_n, atm, R_{K-90}, K_{J-90}$
Anderes	t

Den Wert einer Konstanten lässt man sich anzeigen, indem man die Konstante aufruft und mit **EXE** abschließt. z.B. für die Lichtgeschwindigkeit c = 299792458 m/s

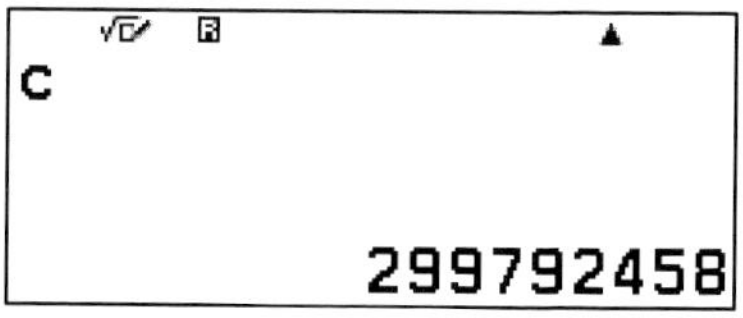

9 Mathematische Probleme beispielhaft lösen

NUR CASIO fx-810DE CW

9.1 Zahlen aufsummieren – der kleine Gauß

Häufig wird eine Geschichte des kleinen Carl Friedrich Gauß (1777 – 1855) im Mathematik Unterricht erzählt, um die gleiche Aufgabe zu rechnen:

„Der Lehrer Herr Lustlos möchte lieber seine Zeitung lesen als die Kinder in Mathematik zu unterrichten. Er gibt den Kindern den Auftrag, alle Zahlen von 1 bis 100 aufzusummieren. Mit dieser Aufgabe sollten die Schüler mindestens eine halbe Stunde beschäftigt sein. Nach weniger als einer Minute ist der kleine Carl Friedrich fertig und zeigt seine richtige Lösung: ....“

Quelle: https://de.wikipedia.org/wiki/Datei:Carl_Friedrich_Gau%C3%9F.jpg

Wie hat es klein Gauß gerechnet? Sicher nicht, indem alle Zahlen einzeln addiert wurden. Zum Rechenausdruck von Gauß jedoch später.

Um Zahlen mit einer bestimmten Logik zu summieren, existiert in der Mathematik das Summenzeichen: $\sum$.

Die Summe der Zahlen von 1 bis 100 kann man in dieser Form schreiben:

$$1 + 2 + 3 + \cdots . +98 + 99 + 100 = \sum_{n=1}^{100} n$$

Eine allgemeine Summenformel ist auch im CASIO FX-991DE CW hinterlegt.

Die Summenformel finden wir im **CATALOG** unter **Funktionsanalyse**.

Wähle jetzt **Summation** ($\sum$)

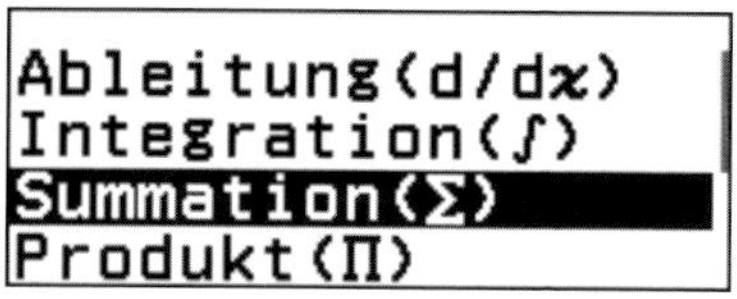

Es erscheint die Summenformel. Anstelle von n in unserer Formel geben wir jetzt x ein:

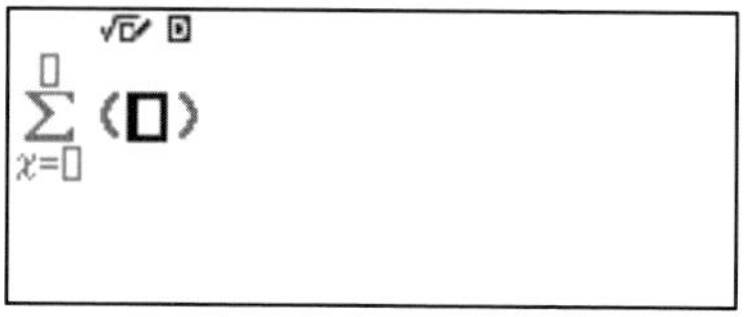

$$\sum_{x=1}^{100} x$$

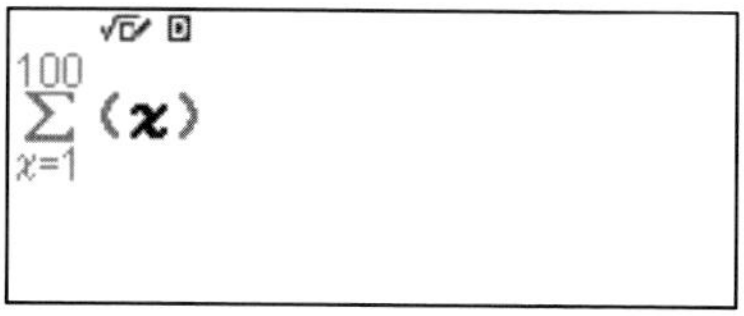

Und wir erhalten das Ergebnis der Aufgabe für klein Carl Friedrich Gauß.

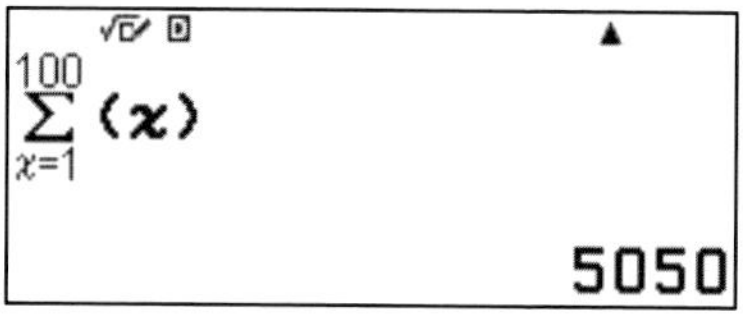

Die Lösung von Gauß

Carl Friedrich Gauß konnte die Aufgabe allerdings im Kopf ohne diese Summenformel lösen. Er hatte erkannt, dass man aus den 100 Zahlen auch 50 Paare bilden konnte, die zusammen immer 101 ergeben. Nämlich von außen nach innen $1 + 100, 2 + 99, 3 + 98$ und immer so weiter. Er hatte eine Vereinfachung gefunden, ohne einen Summenterm zu nutzen:

$$\frac{100}{2} \cdot (1 + 100) = 50 \cdot 101 = 5050$$

9.2 Die Eulersche Zahl *e* näherungsweise berechnen

Auch wenn die Zahl ***e*** über **SHIFT** + 8 oder unter **CATALOG** abrufbar ist, wollen wir sie klassisch berechnen.

Die Eulersche Zahl ***e*** wurde von Leonhard Euler mit der folgenden Reihe definiert:

$$e = 1 + \frac{1}{1} + \frac{1}{1\cdot 2} + \frac{1}{1\cdot 2\cdot 3} + \cdots = \frac{1}{0!} + \frac{1}{1!} + \frac{1}{2!} + \frac{1}{3!} + \cdots = \sum_{k=0}^{\infty} \frac{1}{k!}$$

Ebenso ist e definiert als Grenzwert der Folge

$$a_n = \left(1 + \frac{1}{n}\right)^n \text{ für } n \longrightarrow \infty.$$

Beachte: Die Funktion der **Fakultät** finden wir unter **CATALOG**.

1. Variante – Reihe mit der Summenformel berechnen

Wir starten mit der Summenformel aus **CATALOG** .

Anstelle von Unendlich wählen wir 50 Schritte. Fakultät wählen wir aus **CATALOG** aus.
Mehr als 50 Schritte führen zu einem mathematischen Fehler!

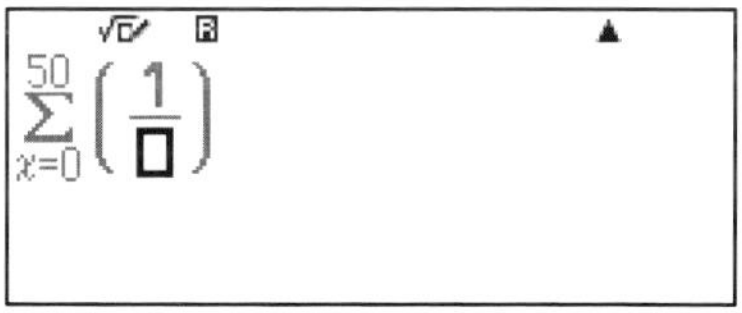

Unser Näherungswert ergibt als Wert für die Eulersche Zahl:

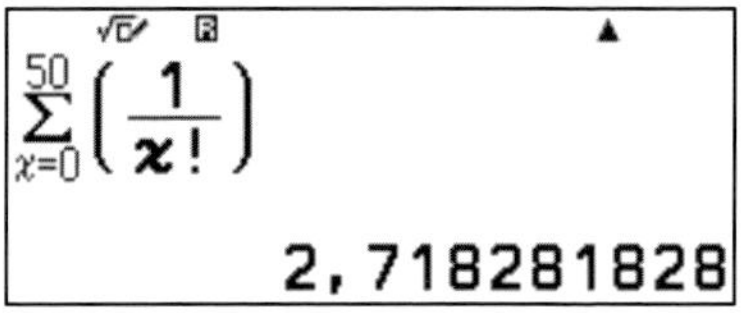

$$e = 2{,}718281828$$

Der im Taschenrechner hinterlegte Wert beträgt:

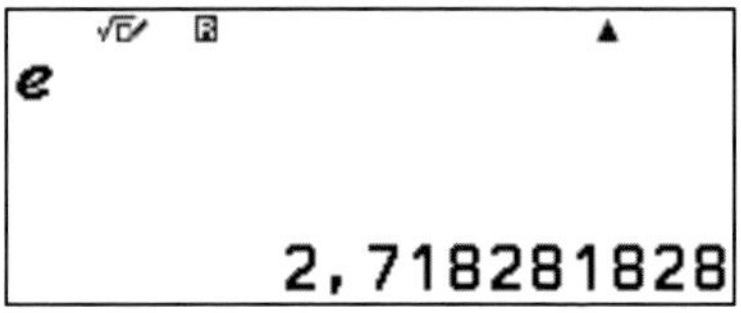

$$e = 2{,}718281828$$

2. Variante – Folgenglieder in Wertetabelle darstellen

Die Folge:

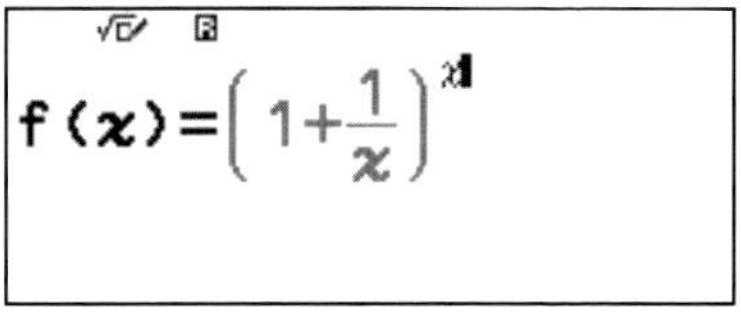

$$a_n = \left(1 + \frac{1}{n}\right)^n$$

hinterlegen wir als Funktion und lassen uns die Werte des Terms in einer Wertetabelle anzeigen.

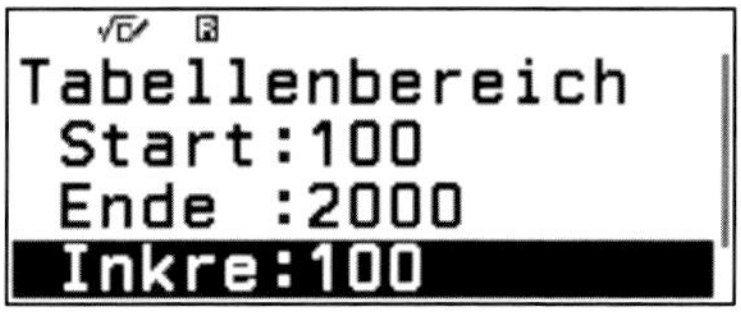

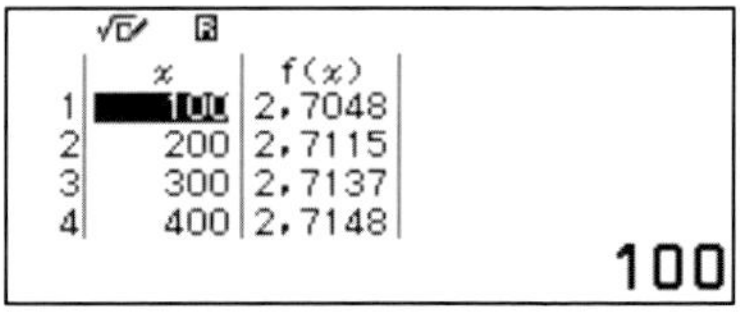

Wir blättern durch die Tabelle und verfolgen die Näherung für die Eulersche Zahl e.

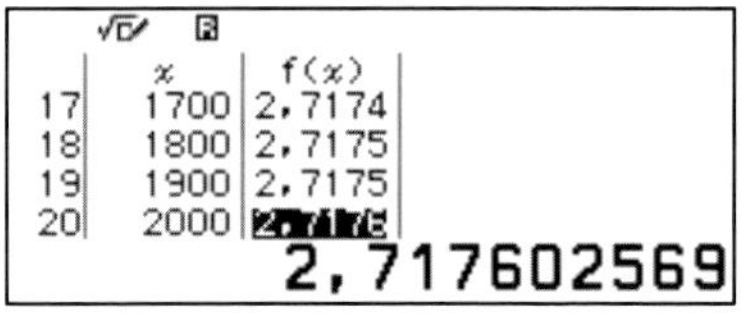

Mit der **QR-Code Funktion** des Rechners können wir den Konvergenzverlauf der Folge sehr anschaulich darstellen. Probiere es aus!

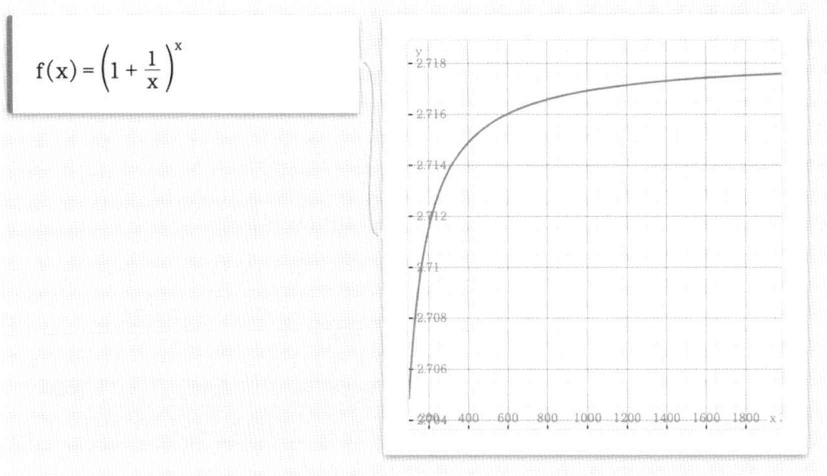

Konvergenzverlauf der Folge $a_n = \left(1 + \frac{1}{n}\right)^n$

9.3 Gleichungen näherungsweise lösen mit der Wertetabelle

Durch Einsetzen und Ausprobieren kann man die Lösung einer Gleichung näherungsweise finden. Kennt man zwei Zahlen, zwischen denen die Lösung liegt, kann man den Bereich dieses Intervall weiter eingrenzen. Eine derartige Vorgehensweise kann man auch Intervallschachtelung nennen.

Mit der Funktion der Wertetabellen kann man solche Intervallschachtelungen aufbauen, indem die Intervallbreite oder der Abstand zwischen zwei Werten der Wertetabelle immer kleiner gewählt wird. Hierzu wählen wir den Parameter **Inkrement** in Zehntelschritten immer kleiner, bis die Lösung auf die gewünschte Genauigkeit erreicht ist.

Beispielaufgabe

Wir suchen nach einer Lösung der Gleichung $x^3 + 2x + 1 = 0$ auf zwei Stellen Genauigkeit hinter dem Komma.

Wir geben die Gleichung als Funktion $f(x)$ ein.

$$f(x) = x^3 + 2x + 1 = 0$$

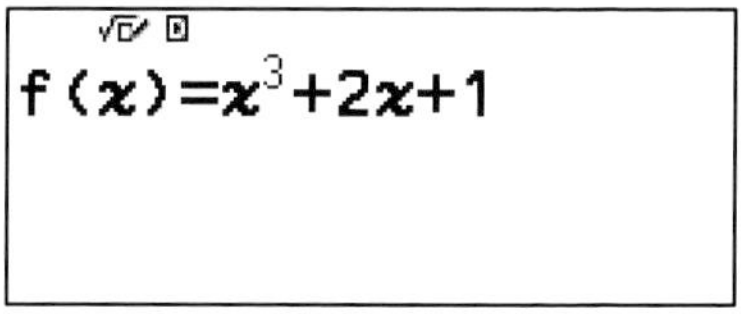

Jetzt wählen wir **Wertetabelle** im **Hauptmenü** (⌂) und lassen uns eine Wertetabelle im Bereich von $x = -10$ bis $x = 10$ anzeigen. In diesem Bereich sollte sich eine Nullstelle befinden.

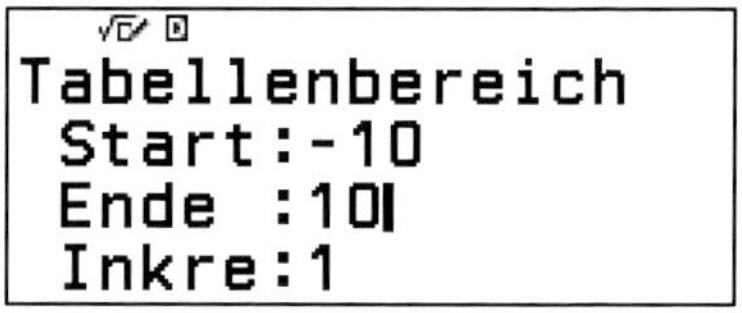

Wir blättern durch die Wertetabelle, um den Vorzeichenwechsel zu finden.

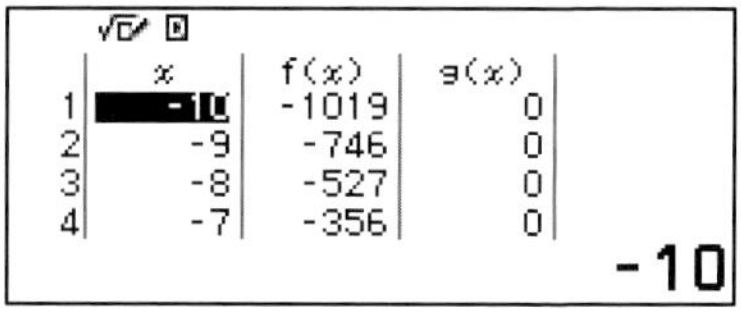

Der Vorzeichenwechsel findet zwischen $x = -1$ und $x = 0$ statt.

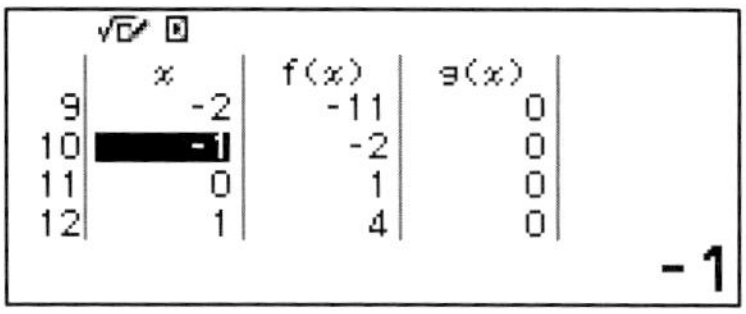

Die gesuchte Lösung befindet sich in diesem Bereich, den wir nun über Tabellenbereich **TOOLS** enger eingrenzen. Die **Schrittweite** (**Inkrement**) beträgt jetzt **0,1**.

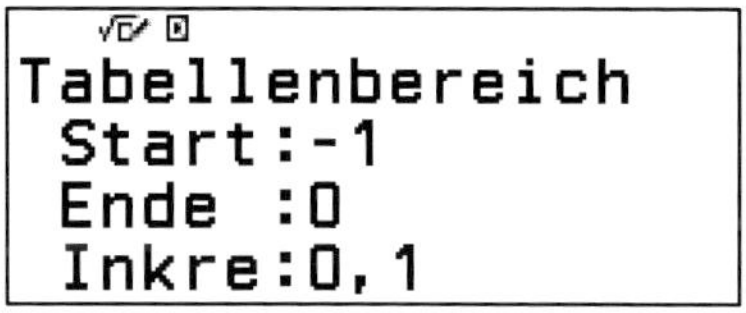

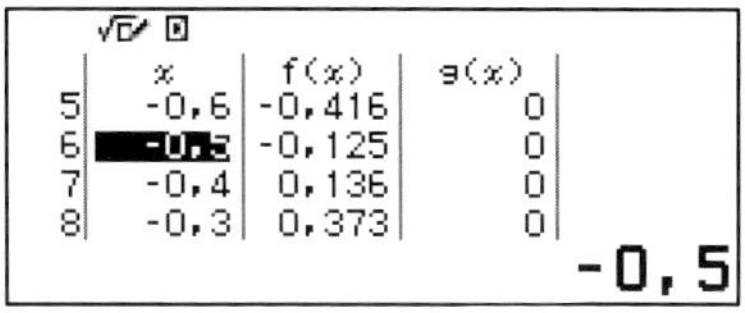

Die Lösung liegt zwischen

$x = -0{,}5$ und $x = -0{,}4$.

Wir grenzen wieder neu ein und wählen als **Schrittweite 0,01**.

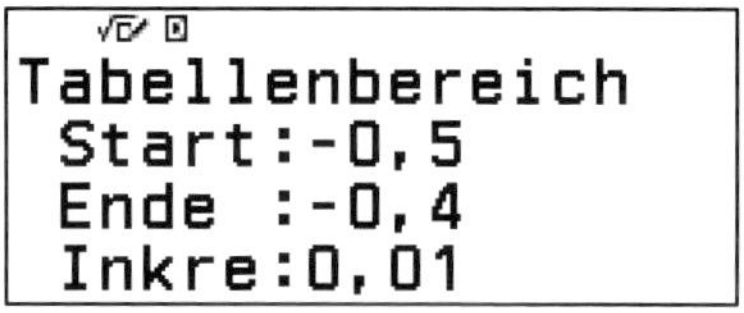

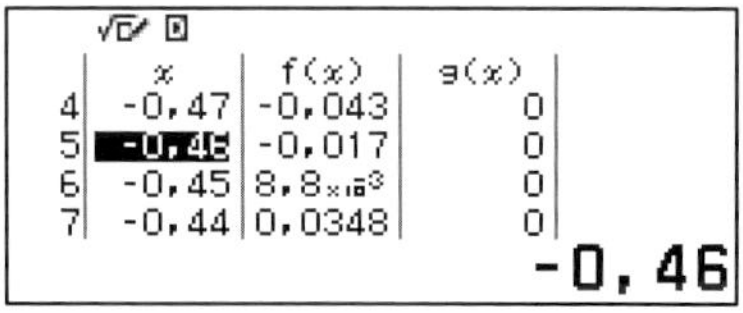

Die neue etwas genauere Lösung befindet sich zwischen

$x = -0{,}46$ und $x = -0{,}45$.

Wir wiederholen die Schritte mit der **Schrittweite 0,001** und erhalten die Lösung auf zwei Stellen Genauigkeit hinter dem Komma:

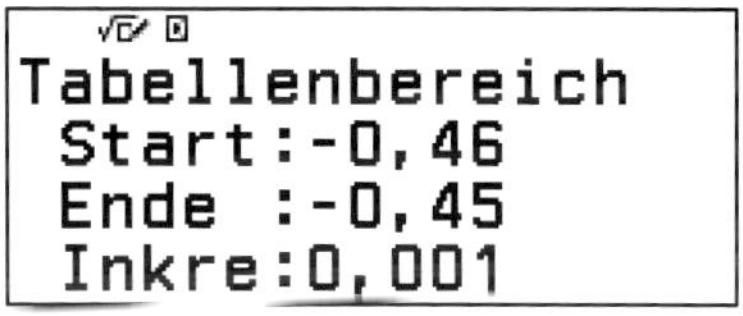

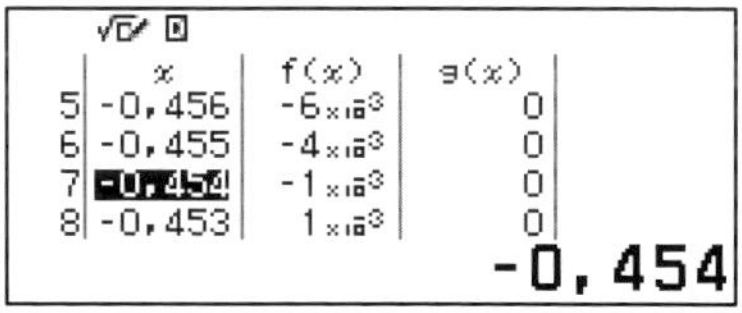

$$\boldsymbol{x = -0{,}45}$$

Denn die letzte Lösung befindet sich zwischen

$x = -0{,}454$ und $x = -0{,}453$.

9.4 Zwei Gleichungen mit zwei Unbekannten alternativ lösen

Wir wollen diese Aufgabenstellung mit einer Wertetabelle lösen und anschaulich darstellen und die grafische Lösung finden.

Dazu müssen wir zunächst die beiden Gleichungen jeweils in die Form einer Funktion bringen, damit diese als Funktionen $f(x)$ und $g(x)$ eingegeben werden können.

Die Aufgabenstellung

Löse das lineare Gleichungssystem

$$(1)\ y = 4 - \frac{1}{2}x$$
$$(2)\ y = -2x + 1$$

Wir stellen den Tabellentyp auf zwei Funktionen ein. Dazu gehen wir auf **Wertetabelle** und klicken auf **TOOLS** (○○○) .

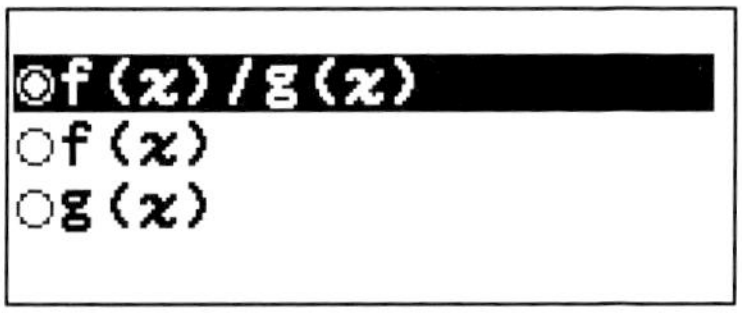

Wir legen beide Funktionen an.

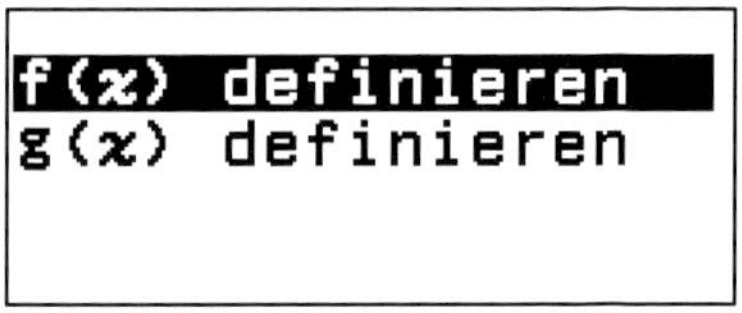

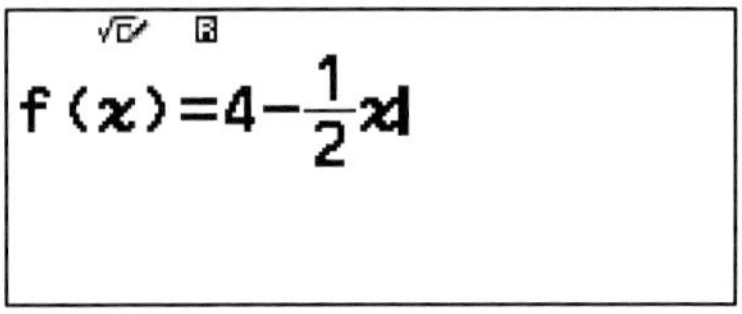

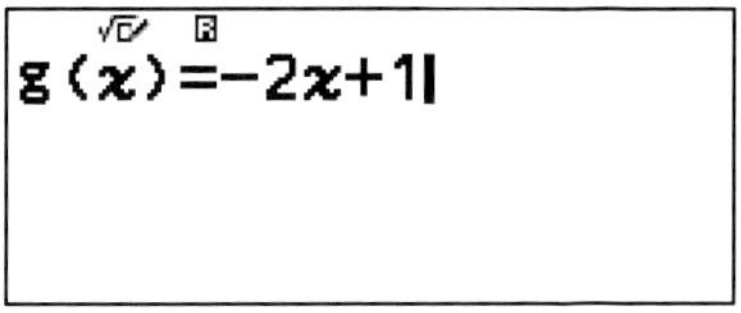

Nun definieren wir den Bereich der Tabelle von $x = -10$ bis $x = 10$

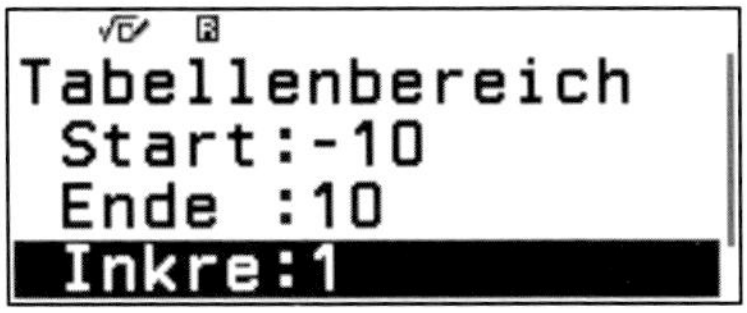

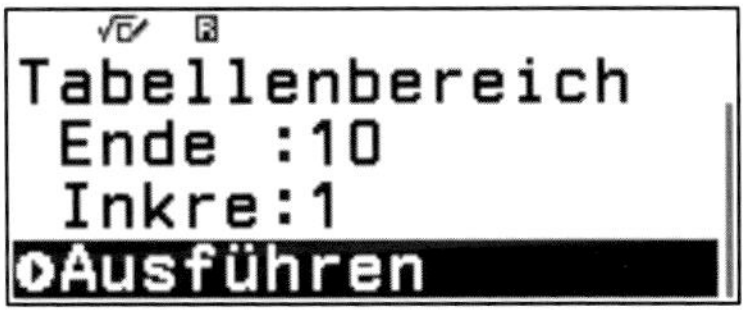

Wir füllen die Wertetabelle und blättern durch die Liste.

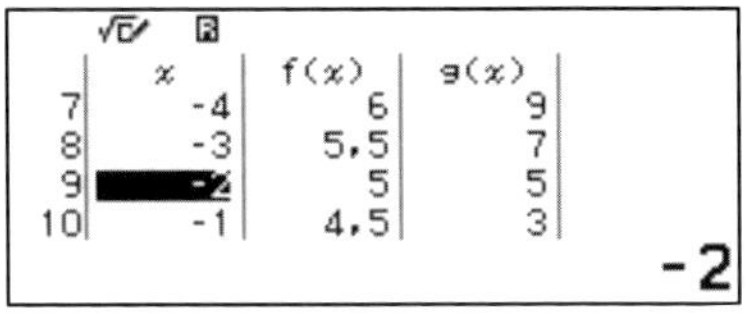

Die Lösung lautet:

$x = -2$ und $y = 5$

Die Lösung ist besonders anschaulich, wenn wir die beiden Funktionen als Geraden mit Hilfe des QR-Codes anzeigen lassen. Der Schnittpunkt gibt die Werte für x und y an.

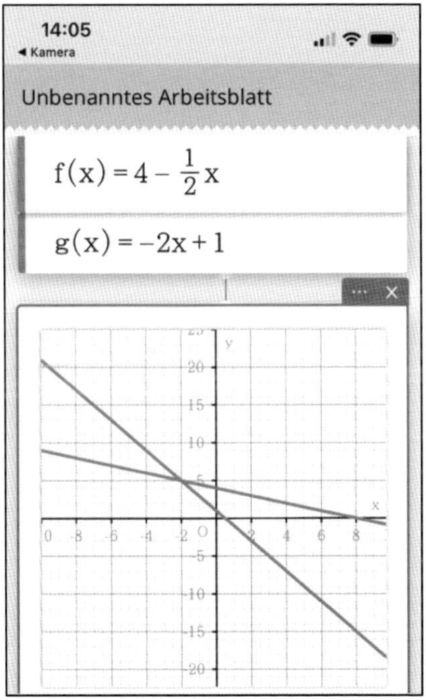

9.5 Quadratische Gleichungen lösen mit der p-q-Formel

Löse eine quadratische Gleichung wie z.B. $x^2 + x - 12 = 0$ mit der bekannten p-q-Formel. Die p-q-Formel löst eine quadratische Gleichung in der Normalform:

$$x^2 + px + q = 0$$

Man erhält die beiden Lösungen:

$$x_1 = -\frac{p}{2} + \sqrt{\left(\frac{p}{2}\right)^2 - q}$$

p-q-Formel

$$x_2 = -\frac{p}{2} - \sqrt{\left(\frac{p}{2}\right)^2 - q}$$

Der Rechner kann zwar quadratische oder Polynomgleichungen direkt lösen, wir wollen in diesem Kapitel aber die beiden Parameter p und q als Variablen hinterlegen und die Formel mit diesen Variablen aufrufen bzw. selbst eingeben.

Lösungsbeispiel

Für unser Beispiel gilt:

$$p = 1, q = -12$$

Diese beiden Werte speichern wir in den Variablen:

$$A = p = 1, B = q = -12$$

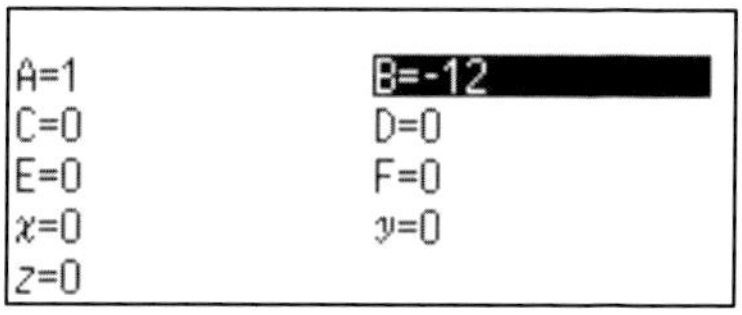

Anschließend geben wir die erste Formel mit den Variablen ein.

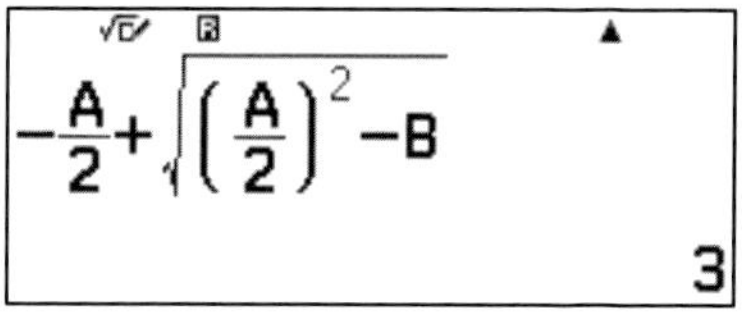

Nachdem wir diesen Wert abgerufen haben, ändern wir in der Formel nun das eine Vorzeichen ab. Jetzt erhalten die zweite Lösung.

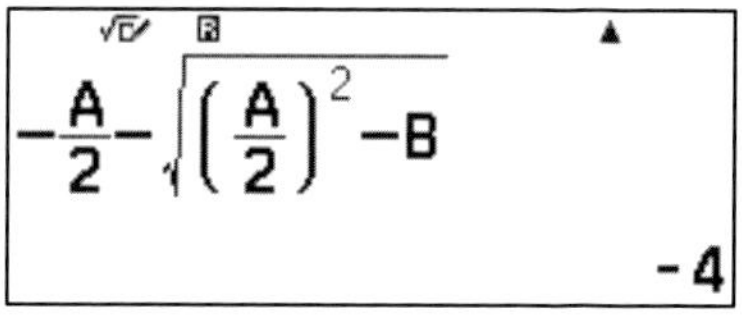

9.6 Nullstellen finden mit dem Newton Verfahren

Das Newton-Verfahren ist ein Näherungsverfahren, mit dem man Nullstellen beliebiger Gleichungen / Funktionen näherungsweise berechnen kann. Man geht hierbei schrittweise vor und nähert sich der Nullstelle immer mehr an. Ein solches Verfahren nennt man auch Iterationsverfahren (Näherungsverfahren).

Man startet an einer beliebigen Stelle x_1, wenn möglich in der Nähe der zu erwartenden Nullstelle. An dieser Stelle legt man die Tangente an die Funktion. Der Schnittpunkt der Tangente mit der x-Achse wird als nächster Punkt x_2 genommen. Das Vorgehen wird so oft wiederholt, bis man den Nullpunkt „quasi" erreicht hat.

Nehmen wir als Beispiel die Funktion: $f(x) = x^2 - x - 2$.

Wir suchen die Nullstelle der Funktion in der Nähe des Wertes $x_1 = 1$.

Als Ableitungsfunktion ergibt sich aus $f(x)$: $f'(x) = 2x - 1$.

Für den nächsten x-Wert gilt jeweils: $x_{n+1} = x_n - \frac{f(x_n)}{f'(x_n)}$.

Wir starten mit: $x_1 = 1$

Wir berechnen noch die Werte für x_2 und x_3:

$$x_2 = x_1 - \frac{f(1)}{f'(1)} = 1 - \frac{-2}{1} = 3$$

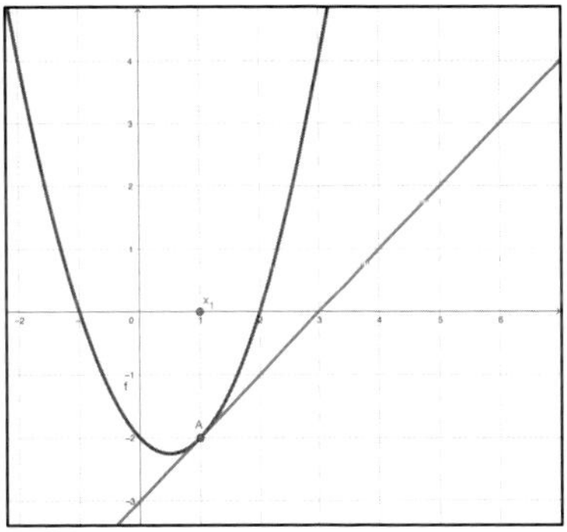

Die Tangente an $x_1 = 1$ führt zur ersten genäherten Nullstelle bei $x_2 = 3$.

$$x_3 = x_2 - \frac{f(3)}{f'(3)} = 3 - \frac{4}{5} = \frac{11}{5}$$

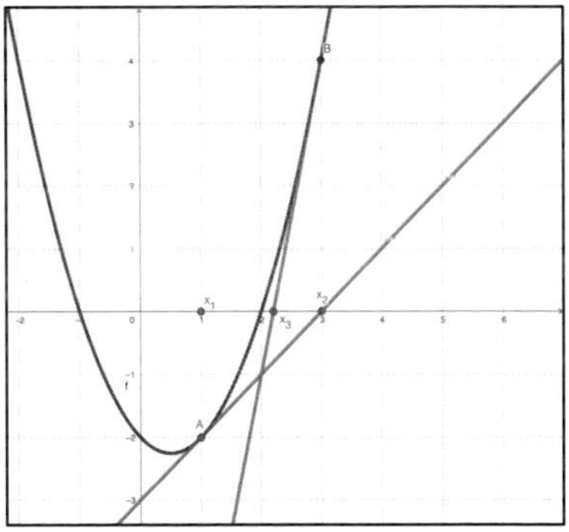

Die Tangente an $x_2 = 3$ führt zur nächsten Nullstelle bei $x_3 = \frac{11}{5} = 2{,}2$.

Nun wollen wir diese Berechnungsweise mit dem Taschenrechner durchführen.

Hierzu geben wir die Funktion $f(x)$ sowie die Ableitungsfunktion $f'(x)$ ein und nutzen den Antwortspeicher **Ans** (Ans).

Die Funktion f geben wir über **FUNCTION** (f(x)) in die Funktion $f(x)$ ein, die Ableitungsfunktion f' in die Funktion $g(x)$.

$$f(x) = x^2 - x - 2$$

$$g(x) = 2x - 1$$

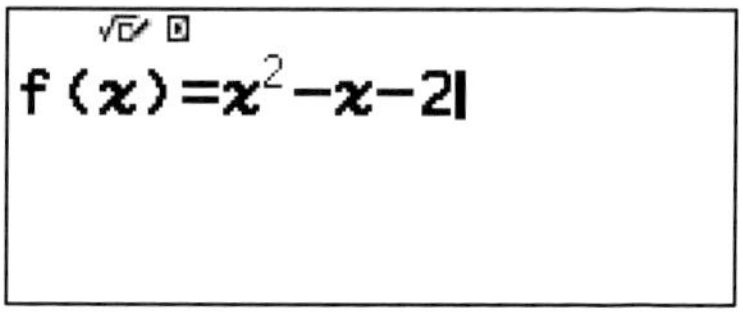

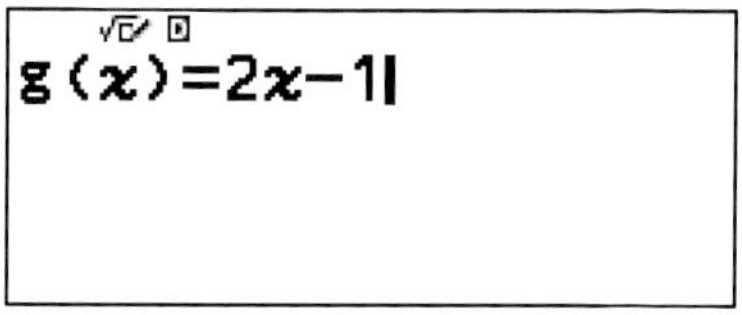

Wir tragen den **Startwert 1** in den Antwortspeicher ein:

1 + EXE (EXE)

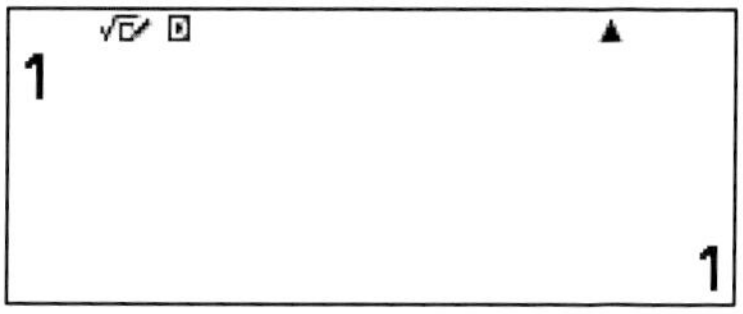

Die erste Näherung berechnen wir mit Hilfe des Antwortspeichers ($\boldsymbol{Ans} = \mathbf{1}$):

$$x_2 = x_1 - \frac{f(x_1)}{f'(x_1)}$$

$$= Ans - \frac{f(Ans)}{g(Ans)}$$

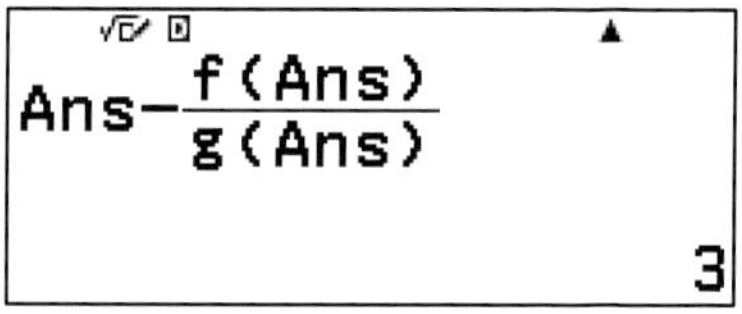

Durch erneutes **EXE** wird die Anzeige mit dem aktualisierten **Ans-Wert** (jetzt $\boldsymbol{Ans = 3}$) wiederholt.

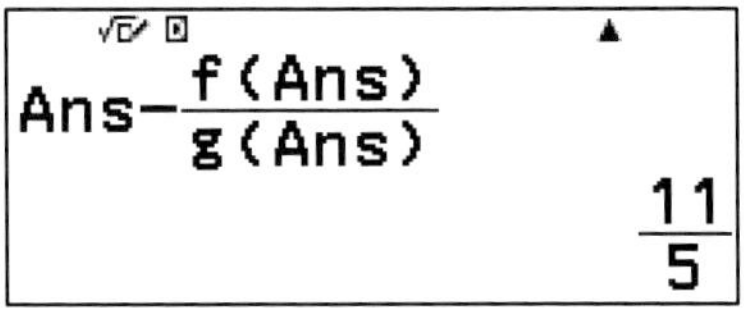

Durch nochmaliges **EXE** wird die Anzeige mit dem aktualisierten **Ans-Wert** (jetzt $\boldsymbol{Ans = \frac{11}{5}}$) wiederholt.

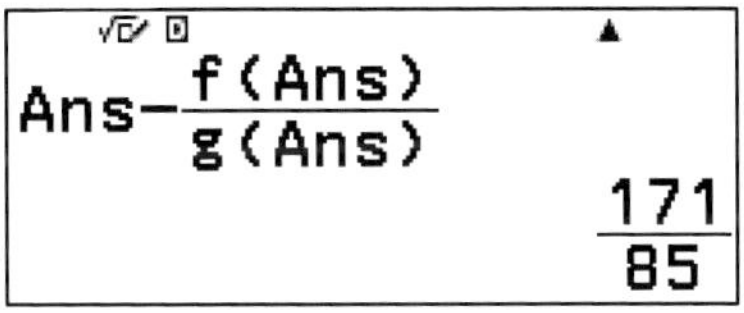

Nach 6-maligem Drücken der **EXE** Taste erhalten wir schon den exakten Wert $\boldsymbol{x = 2}$ für die gesuchte Nullstelle.

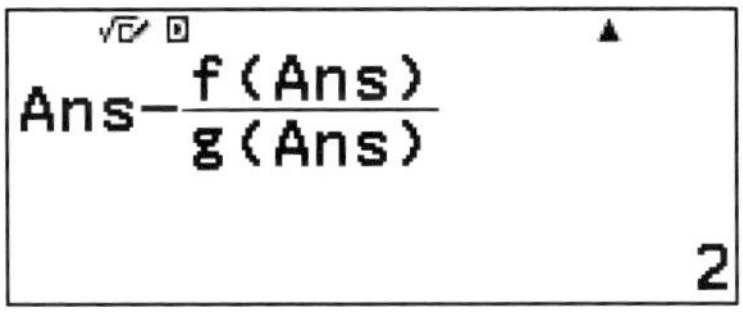

9.7 Wurzeln bestimmen mit dem Heron Verfahren

Das Heron Verfahren ist ein Näherungsverfahren zur Bestimmung von Quadratwurzeln. Es basiert auf dem Newton-Verfahren, das wir im vorherigen Abschnitt kennen gelernt haben.

Die Berechnung einer Wurzel, z.B. $\sqrt{8}$ kann als Lösung der Gleichung

$x^2 - 8 = 0$ dargestellt werden. In diesem Fall bedeutet dies die Berechnung einer Nullstelle und damit kann das Newton-Verfahren zum Einsatz kommen. Zur Berechnung der allgemeinen Wurzel $\sqrt{a}$ verwendet man die Gleichung:

$$x^2 - a = 0$$

Die Näherungsformel lautet dann:

$$x_{n+1} = x_n - \frac{f(x_n)}{f'(x_n)} = x_n - \frac{x_n^2 - a}{2x_n} = x_n - \frac{1}{2}x_n + \frac{1}{2}\frac{a}{x_n} = \frac{1}{2}\left(x_n + \frac{a}{x_n}\right)$$

$$x_{n+1} = \frac{1}{2}\left(x_n + \frac{a}{x_n}\right)$$

Die Näherung berechnen wir, indem wir den Startwert in den Antwortspeicher **Ans** (Ans) eintragen und anschließend die Näherungsformel eingeben.

Beispielnäherung für $\sqrt{8}$

Wir starten mit $x_1 = 8$ und tragen daher 8 in den Antwortspeicher ein.

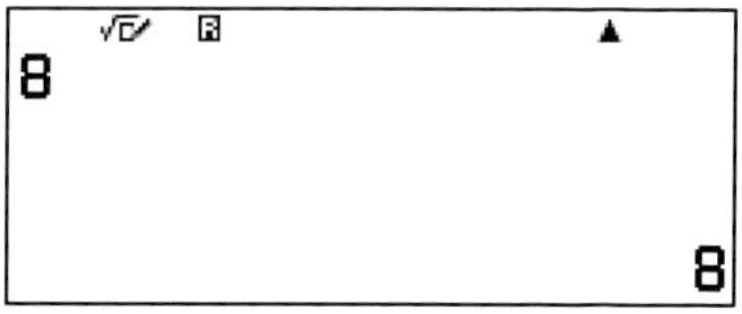

Anschließend geben wir die Näherungsformel ein mit **Ans** anstelle von x_n ein und bestätigen mit **EXE** (EXE).

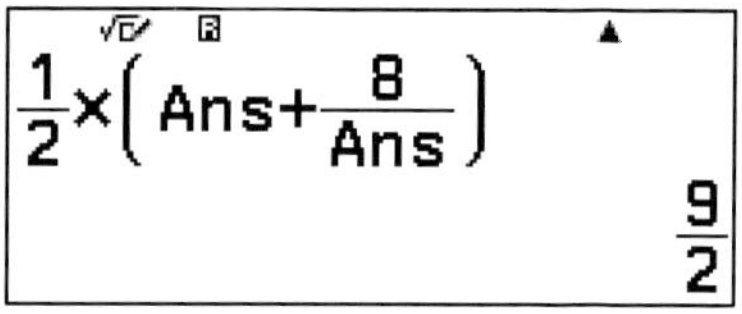

$$\frac{1}{2}\left(Ans + \frac{8}{Ans}\right)$$

Diesen Schritt wiederholen wir nun beliebig oft durch Drücken der **EXE** (EXE) Taste.

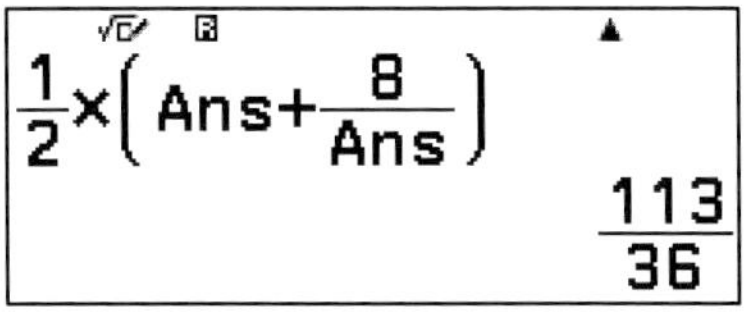

Nach kurzer Zeit kann das Ergebnis nicht mehr als Bruch dargestellt werden und der Rechner wechselt zur Dezimaldarstellung.

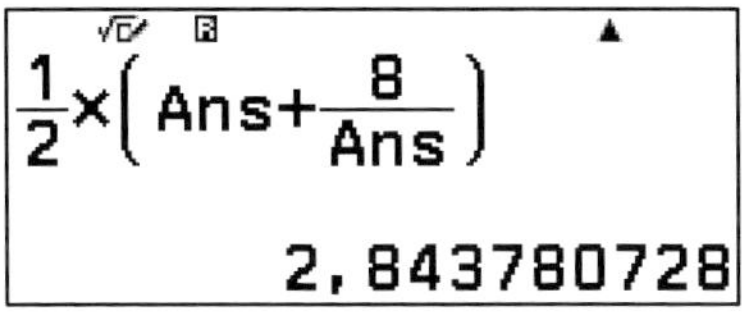

Einige Schritte weiter erhalten wir schon das gleiche Ergebnis wie beim Aufruf mit der Wurzel Taste (√■):

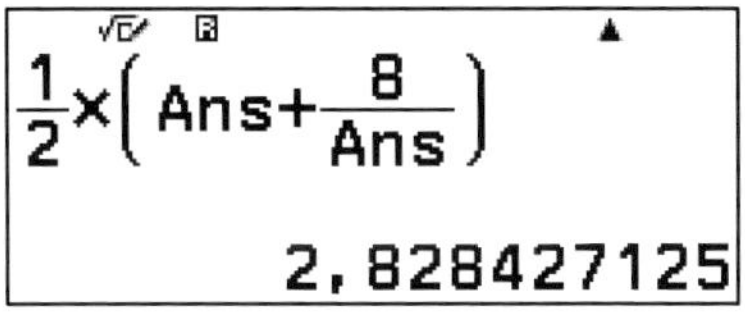

$$\sqrt{\mathbf{8}} = 2{,}828427125$$

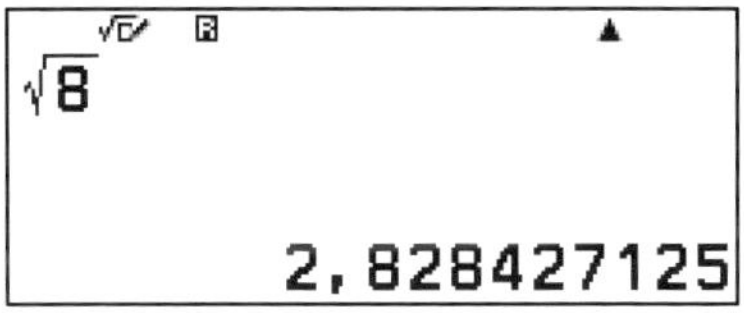

9.8 Ableitungen berechnen mit dem Differenzenquotienten

Mit dem Grenzwert des Differenzenquotienten mit der sogenannten h-Methode kann die Ableitung an einer bestimmten Stelle berechnet werden.

Es gilt: $$f'(x_0) = \lim_{h \to 0} \frac{f(x_0+h)-f(x_0)}{h}$$

Wir können mit dem Taschenrechner den Grenzwert für $h \to 0$ nicht genau bestimmen. Alternativ können wir jedoch einen möglichst kleinen Wert für h als Näherung einsetzen. Damit wir im Genauigkeitsbereich des Rechners bleiben wählen wir z.B. $h = 10^{-9}$.

Vorgehensweise

- Wir speichern die Funktion f, zu der ein Ableitungswert bestimmt werden soll, in der Funktion $f(x)$ mit **FUNCTION** (f(x)).
- Einen kleinen Näherungswert hinterlegen wir in einer der 9 möglichen Variablen mit **VARIABLE** (x), z.B. A (leider stehen nur die Variablen A - F sowie x, y, z zur Verfügung).
- Den Differenzenquotienten mit den Parametern $f(x)$ und h (bzw. die Variable **A**) speichern wir in der Funktion $g(x)$ unter **FUNCTION** (f(x)).
- Abschließend rufen wir die Funktion **Wertetabelle** aus dem Hauptmenü (⌂) auf.

Beispielberechnung

Bestimme die Ableitung der Funktion $f(x) = x^3 - 2x^2 + 4$ an den Stellen $x_0 = 1, x_0 = 2, x_0 = 3, x_0 = 4, x_0 = 5$ mit Hilfe einer Wertetabelle.

Wir geben den Wert für $h = 10^{-9}$ in die **Variable A** ein, da h als Variable nicht zur Verfügung steht.

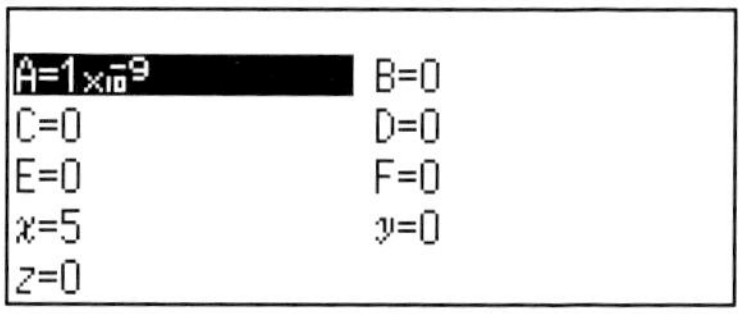

Die Funktion f wird in $f(x)$ gespeichert.

$$f(x) = x^3 - 2x^2 + 4$$

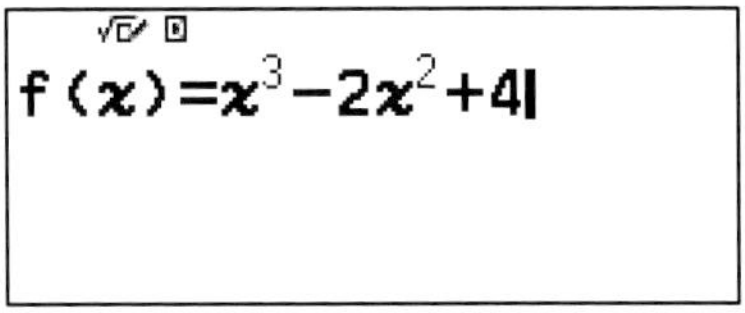

Den Differenzenquotienten geben wir in die Funktion $g(x)$ ein.

Dabei beachten wir, dass die **Variable A** in dieser Funktion verwendet wird.

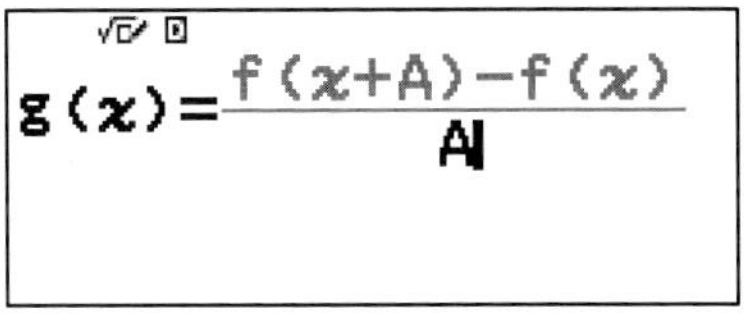

$$g(x) = \frac{f(x + A) - f(x)}{A}$$

Jetzt rufen wir eine Wertetabelle für $x = 1$ bis $x = 5$ auf.

In der ersten Spalte werden die x –Werte stehen, in der zweiten Spalte die Werte für $f(x)$ der Funktion und in der dritten Spalte die Werte für den Differenzenquotienten $g(x)$.

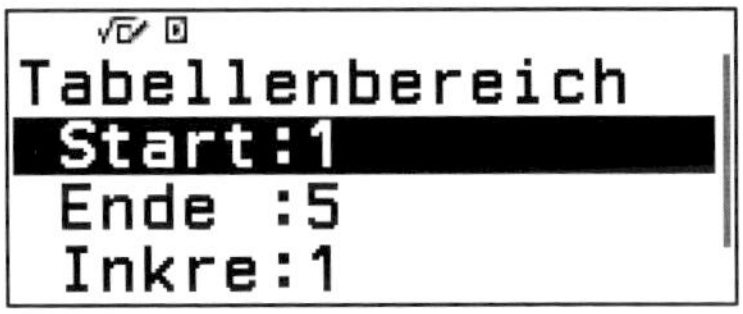

Über die Taste **TOOLS** rufen wir den Tabellenbereich auf und geben die Grenzen von 1 bis 5 ein.

Nach Auswahl von **Ausführen** wird die Tabelle mit den berechneten Differenzenquotienten in der dritten Spalte angezeigt.

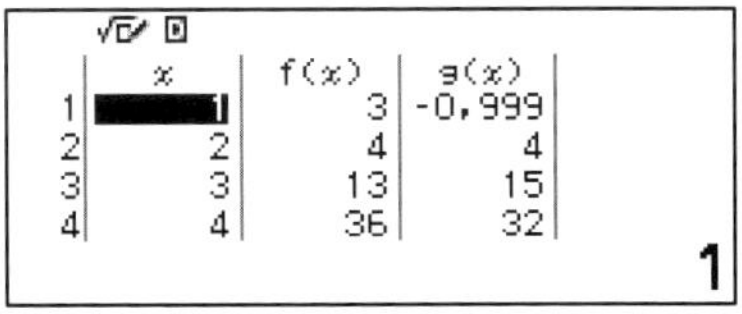

9.9 Integrale nähern über Rechtecksummen

9.9.1 Näherung für die Parabel x^2

Beim Einstieg in die Integralrechnung beginnt man normalerweise damit, den Flächeninhalt unter dem Graphen einer Funktion in kleine Rechtecke einzuteilen. Diese werden dann aufsummiert, um den Flächeninhalt näherungsweise zu berechnen.

Diese Vorgehensweise können wir mit der im Rechner hinterlegten Summenformel nachbilden. Wählen wir möglichst viele kleine Rechtecke, dann können wir auf diese Weise das Integral auch näherungsweise berechnen.

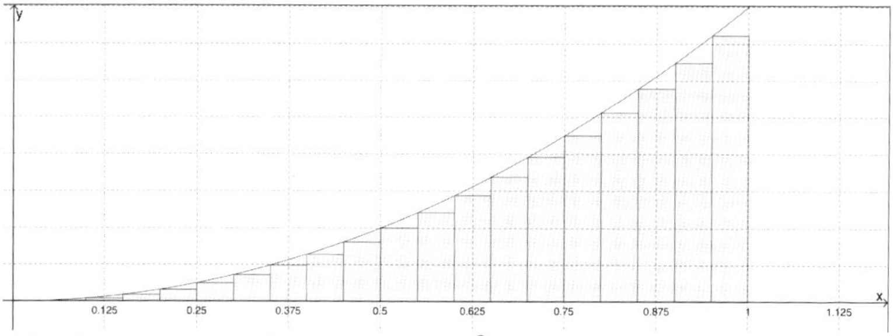

Rechtecksummen **unter** dem Graphen von x^2 (Untersummen), erstellt mit Geogebra

- Anzahl Rechtecke: A
- Intervallbreite: B
- Breite eines Rechtecks: $\frac{B}{A}$

Zur Vereinfachung berechnen wir ein Integral von 0 bis B. Dann gilt näherungsweise:

$$\int_0^B f(x)dx \approx \sum_{i=0}^{A} \frac{B}{A} \cdot f(i \cdot \frac{B}{A})$$

Für eine möglichst genaue Berechnung sollten wir mindestens 1000 Rechtecke wählen.

Jetzt wollen wir zunächst das Integral

$$\int_0^3 x^2 dx$$

für 1000 Intervalle berechnen.

$$A = 1000, B = 3, C = B/A$$

A, B und C werden als Variablen festgelegt.

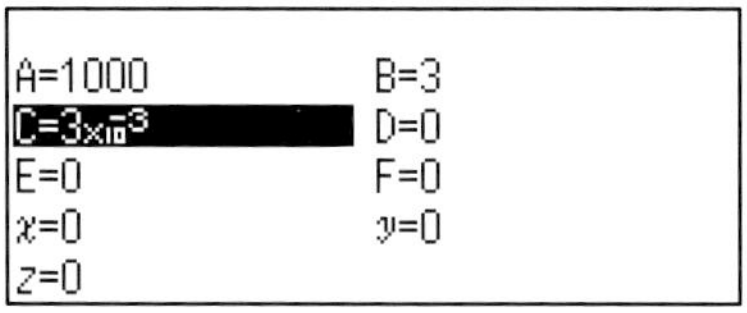

$$\int_0^3 x^2 dx \approx \sum_{i=0}^{A} \frac{B}{A} \cdot f(i \cdot \frac{B}{A})$$

Mit der Variablen $C = B/A$ ergibt sich die Summenformel etwas vereinfacht.

Die Summenformel finden wir unter **CATALOG**.

$$\sum_{x=0}^{A} C \cdot (x \cdot C)^2$$

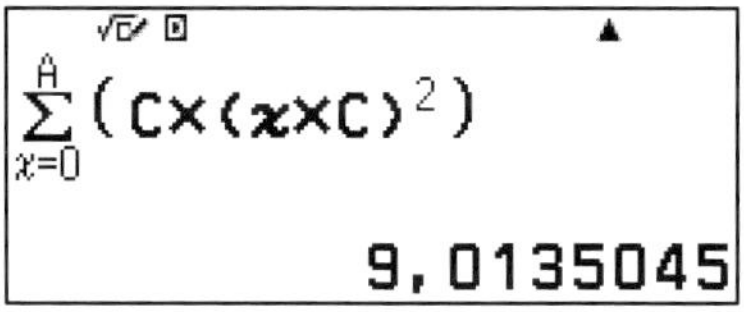

Wir führen eine neue Berechnung mit A = 10 000 durch. Diese Berechnung wird etwas länger dauern.

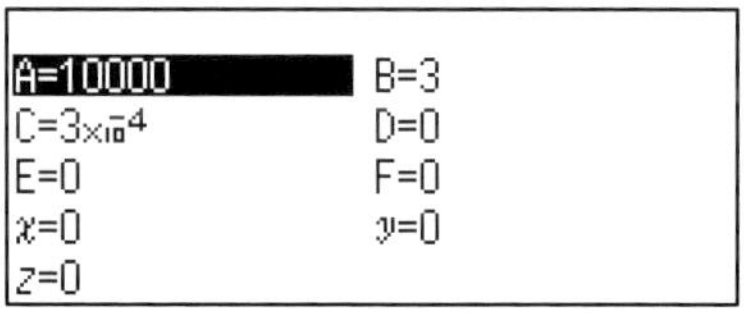

Achtung:

Die Variable C muss vorher neu berechnet werden. Durch eine veränderte Variable A ändert ich nicht die Variable C, obwohl diese sich auf die Variable A bezieht!

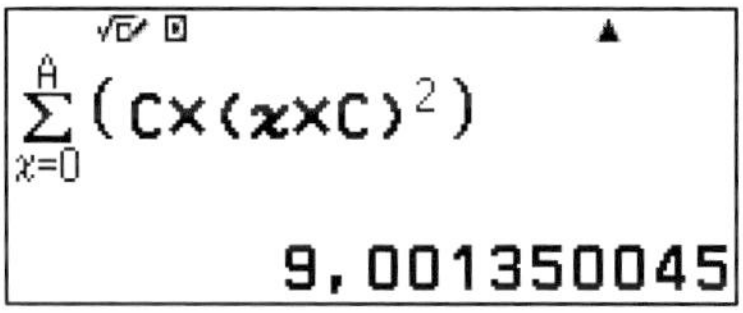

Der exakte Wert für das Integral

$$\int_0^3 x^2 dx = \left[\frac{1}{3}x^3\right]_0^3 = \frac{1}{3} \cdot 27 = 9$$

beträgt 9, wir nähern uns allerdings schon recht gut an diesen Wert mit der Methode der Rechtecksumme (Untersumme).

9.9.2 Näherung für eine beliebige Funktion

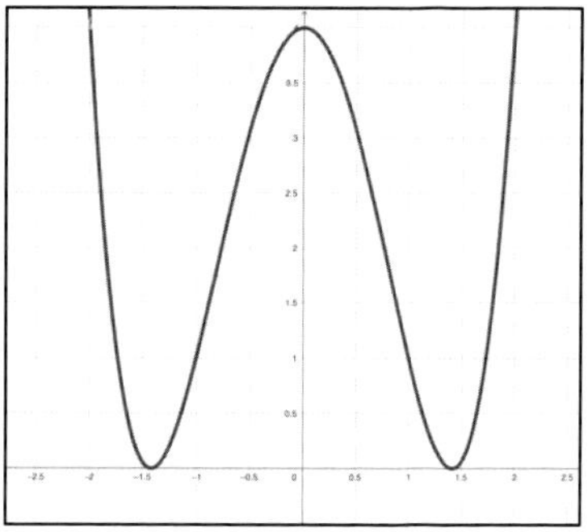

Wir können eine etwas komplexere Funktion $f(x)$ auch unter **FUNCTION** (f(x)) hinterlegen und damit die Summenformel berechnen.

Wir wählen beispielhaft:

$$f(x) = x^4 - 4x^2 + 4$$

und berechnen das Integral

$$\int_0^1 x^4 - 4x^2 + 4\,dx\,.$$

A, B und C werden als neue Variablen festgelegt.

$$A = 10000, B = 1, C = B/A$$

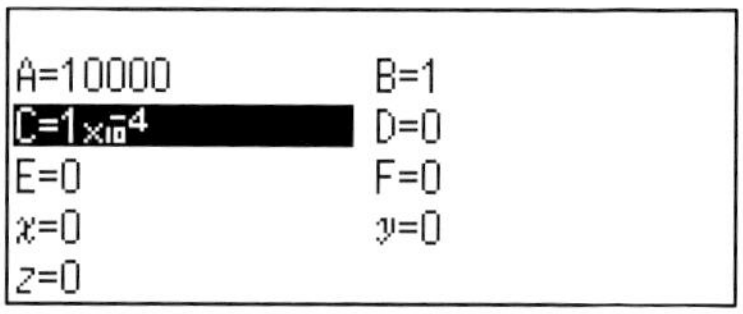

Wir definieren die Funktion $f(x) = x^4 - 4x^2 + 4$.

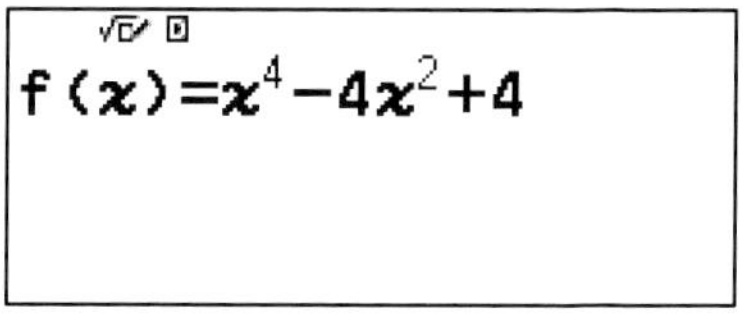

In unsere Summenformel lautet:

$$\sum_{x=0}^{A} C \cdot f(x \cdot C)$$

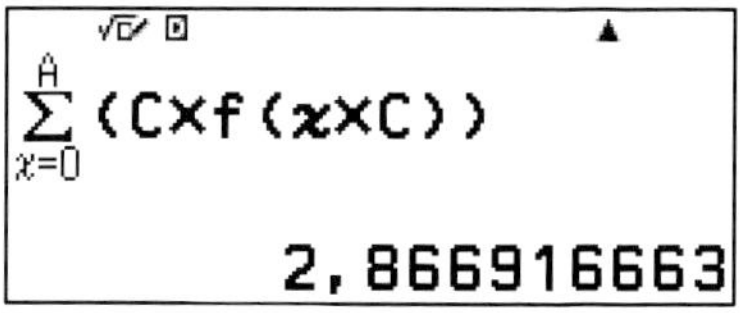

Wir erhalten die näherungsweise Lösung für das Integral:

$$\int_0^1 x^4 - 4x^2 + 4\,dx \approx 2{,}867$$

Achtung:

Die Berechnung mit 10 000 Summengliedern dauert sehr lange!

10 Aufgaben zur Übung und Kontrolle

10.1 SETTINGS – Einstellungen / Allgemeine Bedienung

1. Stelle den Rechner so ein, dass alle Rechenergebnisse standardmäßig als Dezimalzahl wie im Beispiel angezeigt werden.

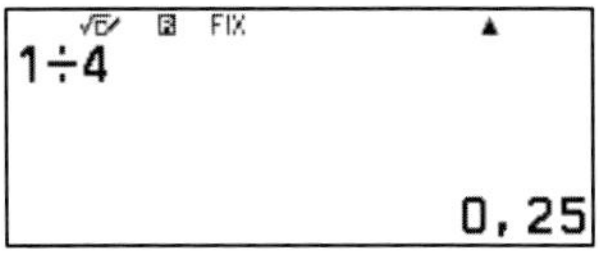

2. Stelle das Zahlenformat so ein, dass die Berechnung wie im Beispiel auf 2 Stellen hinter dem Komma erscheint.

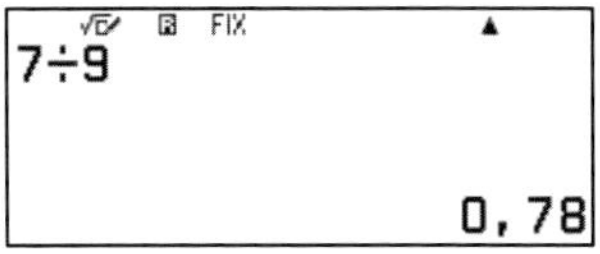

3. Stelle die Winkeleinheit auf das Bogenmaß ein. Berechne $sin\left(\frac{\pi}{2}\right)$.

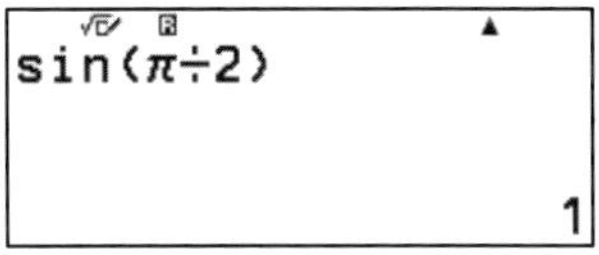

4. Stelle die Winkeleinheit zurück auf Gradmaß und berechne $sin(90)$.

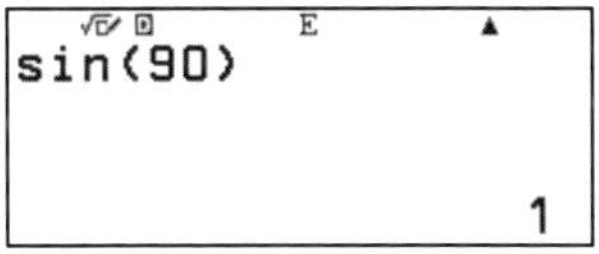

5. Schalte Dezimalpräfixe ein und berechne $30 \cdot 1000$, so dass das gezeigte Ergebnis erscheint.

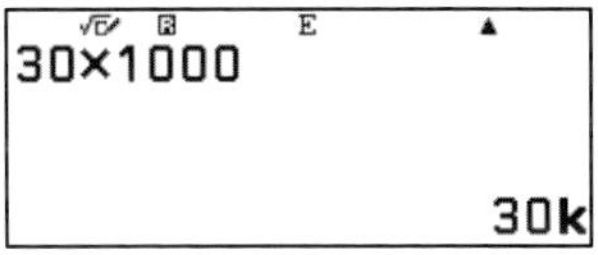

6. Lösche alle Variablen im Variablenspeicher. Lege hierzu zunächst einige Variablen an.

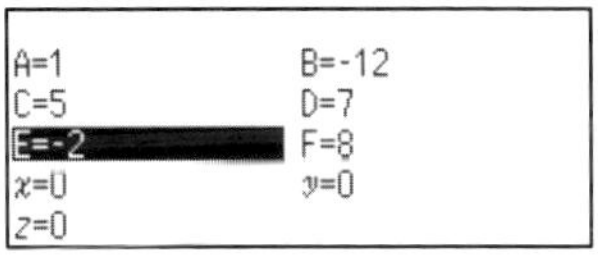

7. Zeige den Wert für die auf der Tastatur hinterlegte Zahl π an.

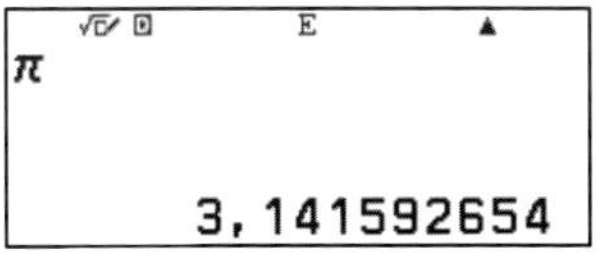

10.2 Grundlegende Rechenaufgaben

Berechne unter Beachtung der Rechenregeln!

Lösung als QR-Code

1. Berechne die Summe aus 47 und 83 und multipliziere sie mit der Differenz der beiden Zahlen.

2. Berechne 2 hoch 10 minus 10 hoch 3.

3. Halbiere die Summe von 33 und 67 und subtrahiere davon die Differenz von 100 und 66.

4. Berechne 17 plus 3 mal 10.

5. Berechne den folgenden Rechenausdruck:

   $(230 - 5 \cdot 13 + 25) - (200 \cdot 4 + 3)$

6. Berechne: $5 \cdot e^{\ln 2}$

7. Berechne: $2 \cdot \pi \cdot 12$

10.3 Funktionen aus CATALOG

1. Berechne 7! (7 Fakultät).

2. 2377 Münzen sollen unter 17 Personen gleichmäßig aufgeteilt werden. Der Rest kommt in eine Dose. Wie viele Münzen bekommt jede Person und wie viele Münzen kommen in die Dose?

   Führe eine ganzzahlige Division mit Rest durch!

3. Gib den periodischen Dezimalbruch $0,\overline{7}$ ein und stelle ihn als Dezimalzahl dar!

4. Runde das Ergebnis der Rechnung $((17:4):7)$ auf 4 Stellen.

5. Wie viele Meter sind $250\ nm$ (Nanometer)?

6. Wie viele ganze Stunden, Minuten, Sekunden sind 2,734 h?

7. Wie viele Stunden, Minuten, Sekunden vergehen von

   17:40 Uhr und 50 Sekunden bis 22:39 Uhr und 17 Sekunden?

8. Berechne die Summe aller Zahlen von 100 bis 500.

9. Berechne das Produkt aller Zahlen von $\frac{1}{2}, \frac{1}{3}, \frac{1}{4} \dots \frac{1}{10}$.

10. Welcher Wert ist für die Avogadro-Zahl N_A (Stoffmenge eines Mols) im Rechner hinterlegt?

10.4 Lösungen zu diesem Kapitel

Lösungen zu 10.1

1. **SETTINGS -> Recheneinstellungen -> Eingabe/Ausgabe ->**

   Mathe -> Dezimal

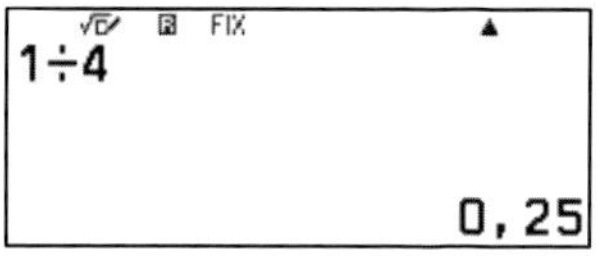

2. **SETTINGS -> Recheneinstellungen -> Zahlenformat -> Fix -> Fix2**

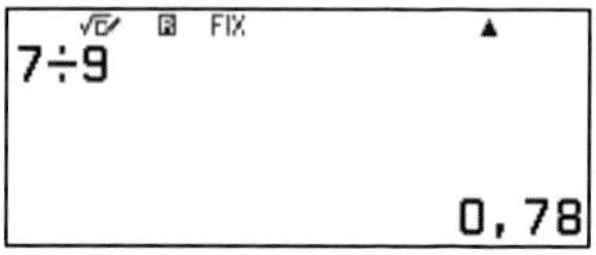

3. **SETTINGS -> Recheneinstellungen -> Winkeleinheit -> Bogenmaß**

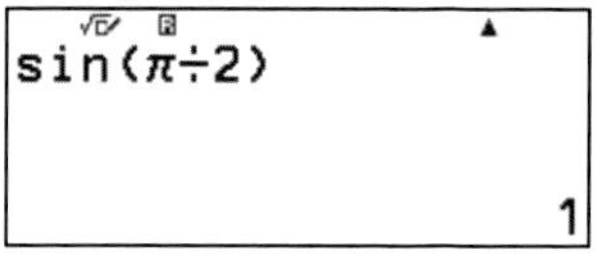

4. **SETTINGS -> Recheneinstellungen -> Winkeleinheit -> Gradmaß**

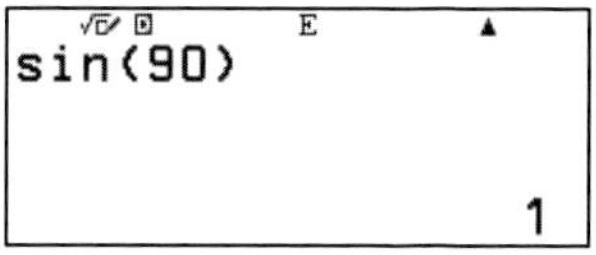

5. **SETTINGS -> Recheneinstellungen -> Dezimalpräfixe -> Ein**

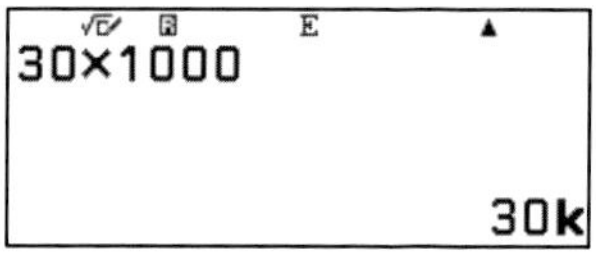

6. **SETTINGS -> Zurücksetzen -> Variablenspeicher -> Ja**

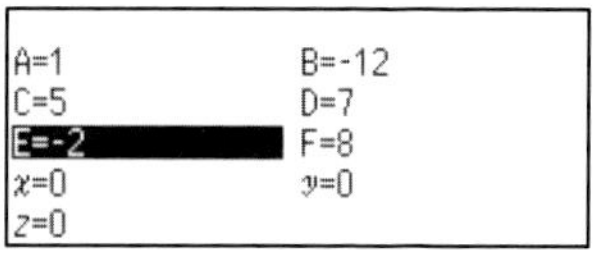

7. **SHIFT + 7**

   EXE

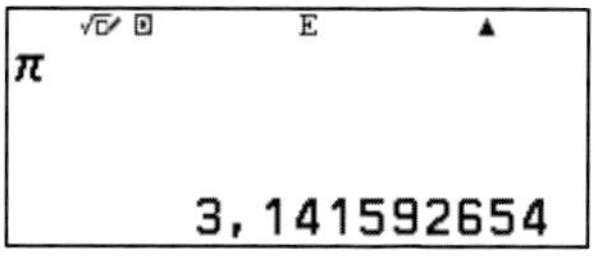

Lösungen zu 10.3 (CATALOG)

1.

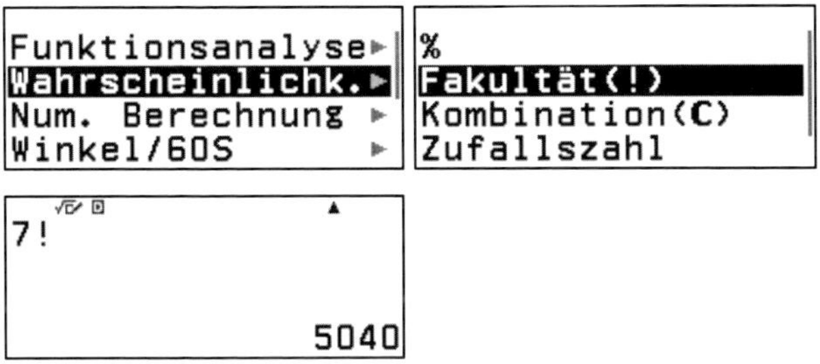

2.

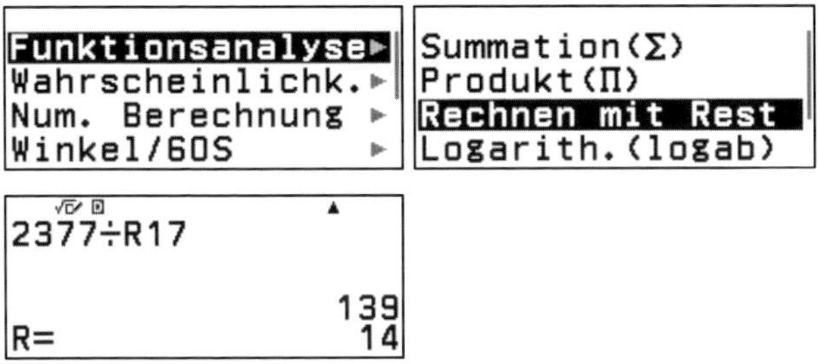

3.

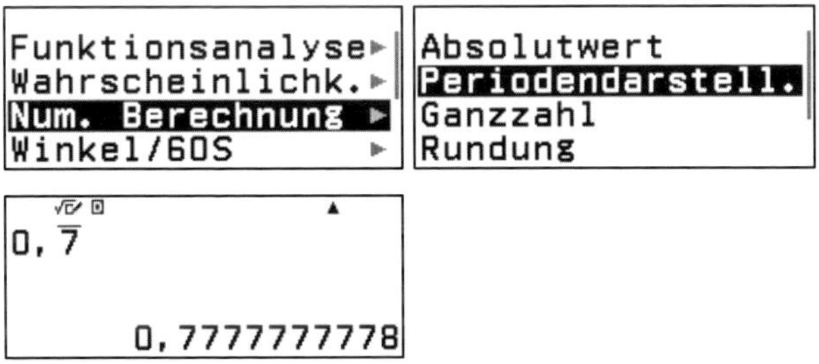

4.

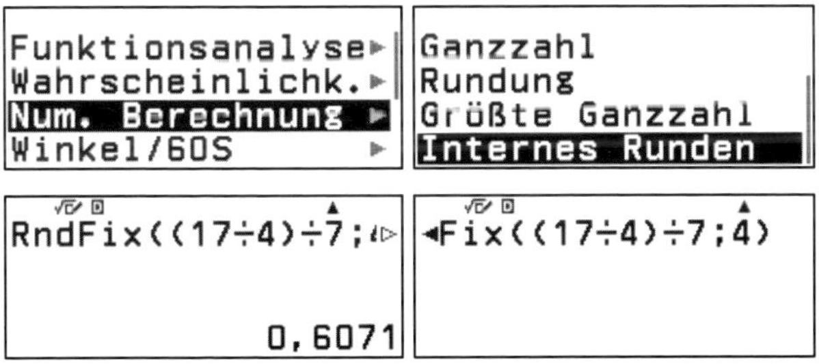

5.

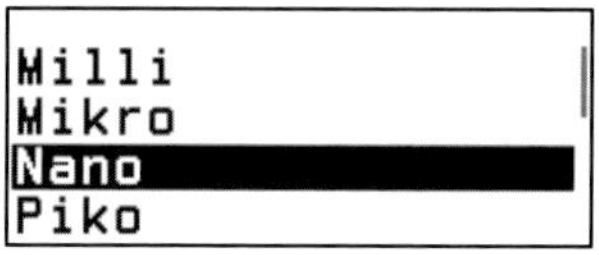

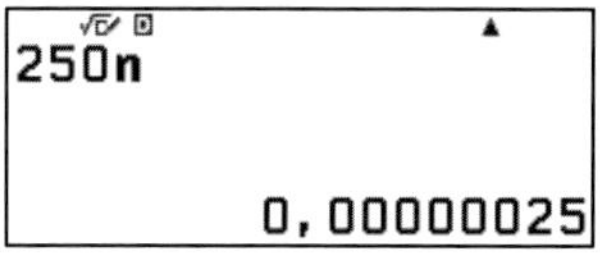

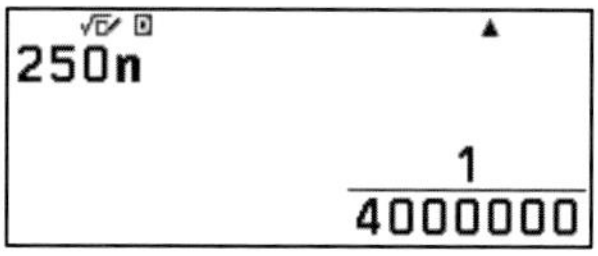

6.

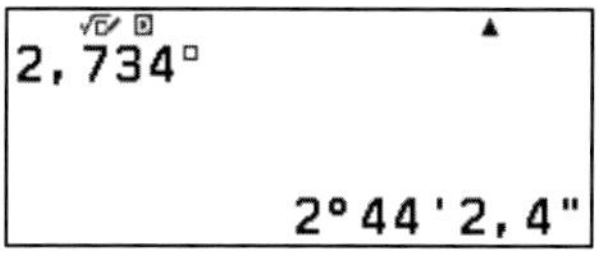

7.

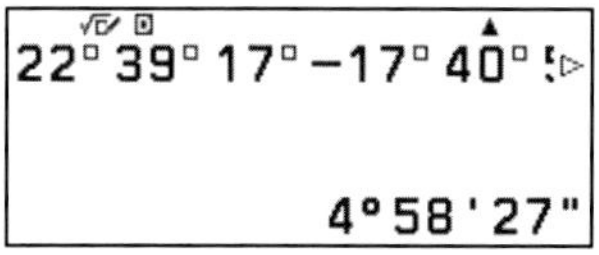

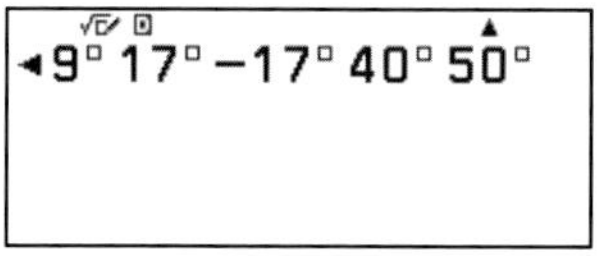

8. Berechne die Summe aller Zahlen von 100 bis 500.

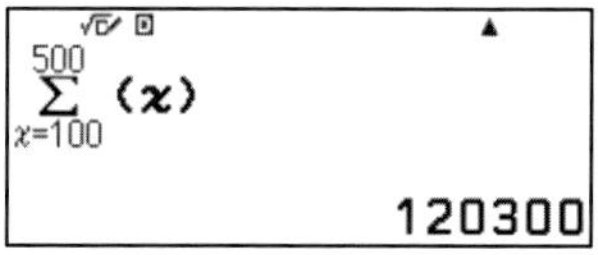

9. Berechne das Produkt aller Zahlen von $\frac{1}{2}, \frac{1}{3}, \frac{1}{4} \dots \frac{1}{10}$.

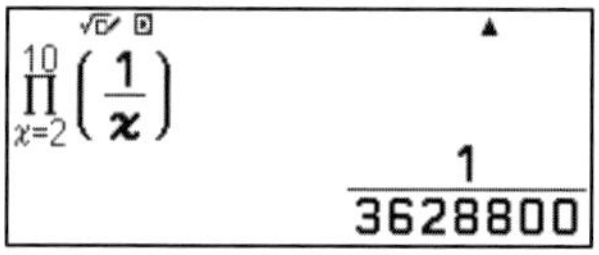

10.

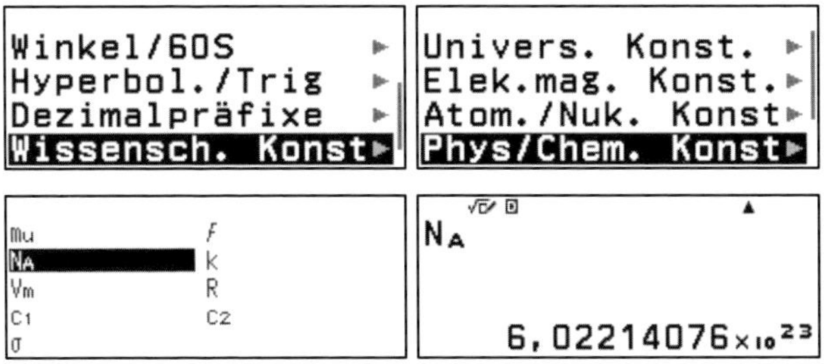
Winkel/60S
Hyperbol./Trig
Dezimalpräfixe
Wissensch. Konst
Univers. Konst.
Elek.mag. Konst.
Atom./Nuk. Konst
Phys/Chem. Konst
Mu
NA
Vm
C1
σ
F
k
R
C2
NA
6,02214076×10^23

11 Wichtige Befehle | Shortcuts

Thema	Tasten / Befehle / Menü	
Allgemeine Einstellungen / Berechnungen		
Bogenmaß, Gradmaß	Settings / Recheneinstellungen / Winkeleinheit	○Gradmaß (D) ◉Bogenmaß (R) ○Gon (G)
Dezimaldarstellung in Bruchdarstellung umwandeln	Taste **FORMAT**	
Wissenschaftliche Konstanten NUR CASIO fx-810DE CW	Taste **CATALOG** / Wissensch. Konst	 Num. Berechnung ► Hyperbol./Trig ► Wissensch. Konst► Anderes ►
Primfaktorzerlegung / Faktorisierung NUR CASIO fx-82/85DE CW	Taste **FORMAT**	 Voreinstellung Dezimal Primfaktor ENG Notation

QR-Code Generator		
Allgemeiner Aufruf (Internet-Verbindung zur Anzeige von Grafiken erforderlich!)	Shift + QR (x) 	

Thema — **Tasten / Befehle / Menü**

Wahrscheinlichkeitsrechnung

Fakultät $n!$

CATALOG / Wahrscheinlichk. / Fakultät

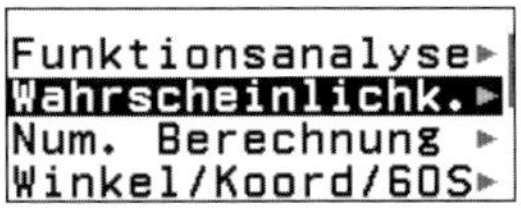

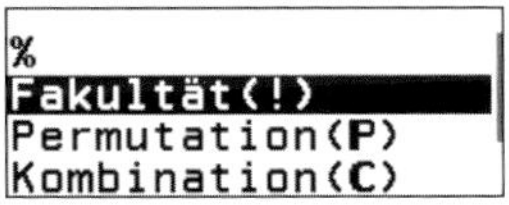

Kombinationen nCr

CATALOG / Wahrscheinlichk. / Kombination

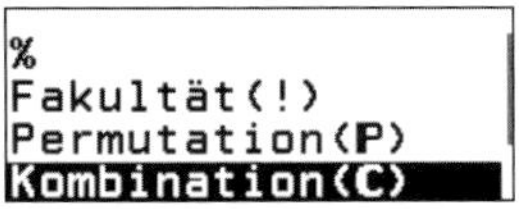

Permutationen nPr

NUR CASIO fx-82/85DE CW

CATALOG / Wahrscheinlichk. / Permutation

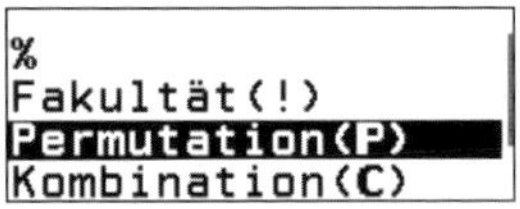

Wahrscheinlichkeit Binomialverteilung

NUR CASIO fx-810DE CW

Hauptmenü / Verteilung / Binom. Verteilung

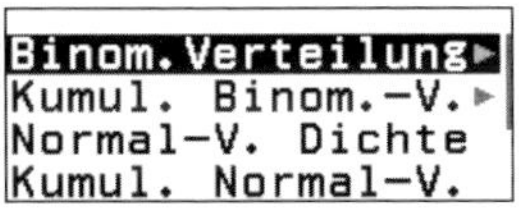

Kumulierte Wahrsch. einer Binomialverteilung

NUR CASIO fx-810DE CW

Hauptmenü / Verteilung / Kumul. Binom.-V.

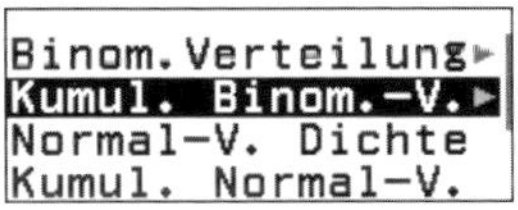

Kumulierte Wahrsch. einer Normalverteilung

NUR CASIO fx-810DE CW

Hauptmenü / Verteilung / Kumul. Normal-V.

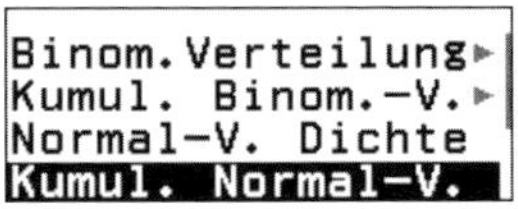

12 Index / Stichwortverzeichnis

1

1000er-Trennung........................23

A

Ableitungen berechnen 78
Antwortspeicher....................26, 27
Anzeige löschen 13
Ausschalten 7
Automat. Aus 24

B

Berechnung 10, 11
Bernoulli-Experiment 50
Binomialverteilung 11, 50, 91
Bogenmaß............................21, 90
Bruchergebnis 23
Bruchrechnung 29

C

CATALOG 9, 13
cos()..34

D

Dezimal.......................................19
Dezimalpräfixe................16, 22, 40
Differenzenquotient 78
Division mit Rest.........................39
Doppelbelegung von Tasten 9

E

e-Funktion..................................33
Eingabe ausführen 13
Einheiten umrechnen 90
Einheitskreis 60
Einschalten 7
Einstellungen 20

F

Faktorisierung 90
Fakultät 14, 15, 35, 91
FUNCTION 17
Funktionsanalyse........................ 14
Funktionstasten 13

G

Ganzzahlige Zufallszahl.............. 37
Ganzzahliger Anteil..................... 39
Grad 39
Gradmaß............................. 21, 90
Grundrechenarten....................... 28
Grundwert 30

H

Halbkreis.................................... 61
Hauptmenü 7, 10
Heron Verfahren 76
HOME 7, 10, 12

I

Ingenieur-Symbole..................... 40
Integrale 80

K

Kombinationen..................... 36, 91
Konstanten................................. 62
Kontrast 24
Koordinaten 39
Kreis.. 60

L

Logarithmus 33, 34

M

Mathebox 10, 11, 53
Mehrzeilengröße 24
Minuten und Sekunden 39
Mittelwert 48
Münzwurf 56

N

Navigationstasten 12
Newton Verfahren 73
Normalverteilung 11, 50, 91
Nullstellen 73

O

ON 12

P

Periodische Dezimalbrüche 38
Permutation 91
Permutationen 36
Pfeiltasten 12
Poissonverteilung 50
Potenzen 33
p-q-Formel 72
Primfaktorzerlegung 40, 90
Produktbildung 38
Produktformel 38
Produktfunktion 38
Prozent 14, 15
Prozentrechnung 30
Prozentsatz 30
Prozentwert 30

Q

QR-Code 24
QR-Code Funktion 43
Quadratische Gleichungen 72

R

Recheneinstellungen 21
Rechtecksummen 80
Relative Häufigkeit 54, 57
Relative Häufigkeiten 49
Runden 15, 41
Rundungsfunktion 41
Rundungsfunktionen 41

S

Sekunden 39
SETTINGS 20
sin() 34
Standardabweichung 48
Statistik 48
Stichproben 48
Summation 64
Summenbildung 38
Summenformel 38
Summenfunktion 38
Systemeinstellungen 24

T

Tabellenbereich 44
Tabellentyp 45
tan() 34
TOOLS 9, 16
Trigonometrische Funktionen 34

U

Uhr 61

V

VARIABLE 18
Verteilung 10, 11
Verteilungen grafisch darstellen .. 52
Verteilungsfunktionen 50

W

Wahrscheinlichkeit 14, 15
Wahrscheinlichkeitsrechnung 48
Wahrscheinlichkeitsverteilung 49
Wertetabelle 10, 11
Wertetabelle grafisch darstellen .. 46

Wertetabellen 44
Winkeleinheit 21
Wissenschaftliche Konstanten 62
Würfelwurf 53
Wurzeln 32
Wurzeln bestimmen....................76

Z

Zahlen aufsummieren..................63
Zahlenformat.............................. 22
Zahlengerade.............................. 58
Zeichen löschen.......................... 13
Zeitdifferenz 39
Zufallsgrößen.............................. 49
Zufallszahl................................... 37
Zufallszahlen............................... 37
Zurücksetzen 25

Notizen

Notizen